図説 わかる メンテナンス

土木・環境・社会基盤施設の維持管理

宮川豊章 監修　森川英典 編

学芸出版社

はじめに

　構造物のメンテナンスは、構造物を長持ちさせて使いこなすために必要不可欠な行為です。わが国においては、高度経済成長期を全盛期として集中的に社会基盤施設を整備してきました。これらの施設・構造物を良好な状態で維持するために、構造物のメンテナンスは重要な課題になっているのです。わが国のみならず諸外国においてもメンテナンス分野の基準（ルール）の整備、学術分野の形成と体系化、技術者教育制度の整備など急速な展開がなされています。まさにメンテナンス分野は世界的な成長分野であるといえます。

　わが国の土木学会コンクリート工学分野においては、このようなメンテナンスに対応する日本語として「維持管理」という用語をこれまで使用してきました。しかしながら、この「維持管理」は、本来、「メンテナンス」に加えて、予算検討やメンテナンスを最適かつ効率的に実行する行為を表す「マネジメント」を含むべき用語であります。今後、「維持管理」は、そのような用語の使い方に変わっていくものと思われます。本書では、混乱を避けるために、基本的に「メンテナンス」「マネジメント」という用語を使用することとし、必要な場合にのみ「維持管理」という用語を使用します。また本書では、メンテナンスを主体的に取扱い、マネジメントについては概要のみを紹介するという内容で構成しています。

　さて、メンテナンス工学は、基礎土木工学から応用土木工学分野を包含する広範囲かつ高難易度の工学領域であるといえ、これまでにまとめられた専門書の多くも難易度・専門性が高く、詳細な講義はもっぱら大学院レベルで行われることが多かったともいえます。しかしながら、社会的なニーズから広く大学などの学部学生に対しても、基礎的かつ詳細なメンテナンス工学教育を行うことが必要とされ、従来の材料学、コンクリート工学、鋼構造工学、橋梁工学などの科目のなかでメンテナンスの内容について触れられたり、最近は、メンテナンス単独の科目を設定する大学も増えてきています。このような状況のもと、メンテナンスに関する基礎教育用のテキストを必要とすることが多いにもかかわらず、基礎的なテキストがほとんど存在しない現状であります。

　そこで、本書は、大学などの学部学生を主な対象とした構造物のメンテナンスに関する講義に対応したテキストとして使用できるよう、メンテナンスの基礎と応用について、図表を多用しながら、わかりやすく、体系的にまとめたものであります。また、本書では、全構造物の領域について網羅的にまとめるのではなく、比較的メンテナンス技術が進んでいる鋼およびコンクリート構造物を対象として取り上げ、メンテナンスの概念から基礎、応用に至るまで体系的な流れに沿って理解ができるようにまとめています。各章の流れは次のとおりで、各章のなかで鋼構造物とコンクリート構造物を対比しながら理解を進めていけるように配慮しています。

　1章　メンテナンスの現状と課題
　2章　構造物の機能・性能とメンテナンスの基本
　3章　構造物の劣化——症状としくみ
　4章　構造物の点検の方法
　5章　劣化予測・評価の方法
　6章　補修・補強の方法
　7章　構造物のマネジメント

また、最新の知見についても、コラムで紹介する形で学ぶことができるようにしています。本書の内容は、15回の講義の内、12〜13回でカバーできるものとしており、この他に講義ご担当の先生方独自の身近なケーススタディの事例と併せていただくとより効果的な講義が構成できると考えています。

　本書で使用している用語については、いわゆるメンテナンス工学分野における専門用語（学会などで規定されている用語や慣用的に使用されている用語）を多用するのではなく、敢えて一般用語も含む形でわかりやすく表現し、メンテナンスの考え方や方法論を理解させることに主眼を置いています。したがって、詳細な専門用語の習得については、他書に譲るものとします。また、鋼とコンクリート構造物の分野でメンテナンスの手法が異なる部分も多いため、それぞれの特徴に対応したまとめ方をしています。さらに、鋼とコンクリート構造物の分野で、慣用的に用語の使い方やニュアンスが異なる場合がありますが、これらは敢えて統一せずに、それぞれの分野で異なるものとして使用しています。これらの違いについても対比しながら理解できるようにしており、これら二大領域でのメンテナンスについてまとめて理解・習得することはひじょうに重要であると考えています。

　このような考え方のもと、鋼構造工学分野とコンクリート工学分野での研究の最前線におられる関西圏の大学の先生方に執筆およびサポートをお願いし、ここにまとめることができました。このことはメンテナンス教育の領域にとって大きな成果であるといえます。メンテナンス工学分野における応用領域は日々進歩しています。本書をメンテナンスの基礎テキストとして今後さらに成長させていくことも重要であると考えています。さらには本書で学んだ読者のみなさんが、将来、メンテナンス工学分野を大きく発展させていただくことを切に望んでいます。

　本書のイラストを担当して頂いた野村彰氏には、読者の視点に立ったイラストを創造していただき、また学芸出版社の井口夏実氏には編集にあたり、献身的な努力のみならず、読者の視点に立った多くの指摘をいただき、学ぶ意欲に訴える柔らかいイメージを本書にもたせることができました。ここに厚くお礼申し上げます。

2010年11月

監修　宮川豊章（京都大学）

編者　森川英典（神戸大学）

図説 わかるメンテナンス

もくじ

はじめに　3

1章　メンテナンスの現状と課題　9

1. 構造物の一生とメンテナンス　9
2. 構造物の現状と課題　11
3. 技術者の確保　13

2章　構造物の機能・性能とメンテナンスの基本　15

1. 構造物の機能と性能　15
2. メンテナンスの基本　18

3章　構造物の劣化──症状としくみ　25

1. コンクリート構造物の劣化の症状としくみ　26
2. 鋼構造物の劣化の症状としくみ　35

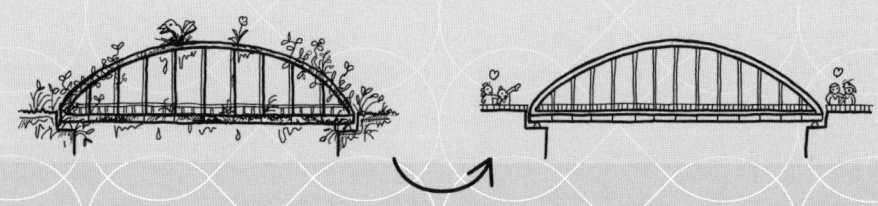

4章　構造物の点検の方法　45

1. 点検の種類と方法　45
2. コンクリート構造物の点検の方法　51
3. 鋼構造物の点検の方法　63
4. 構造物のモニタリング　67

5章　劣化予測・評価の方法　71

1. コンクリート構造物の劣化予測　71
2. 鋼構造物の劣化予測　77
3. 構造物の性能評価、判定　80

6章　補修・補強の方法　89

1. 補修とは、補強とは　89
2. コンクリート構造物の補修・補強　90
3. 鋼構造物の補修・補強　99

7章 構造物のマネジメント　105

- 1　構造物のマネジメントとは　105
- 2　マネジメントの役割　106
- 3　メンテナンス・マネジメントの実例　107
- 4　将来への課題　113

索　引　116

1章 メンテナンスの現状と課題

1 構造物の一生とメンテナンス

1 メンテナンスとは

　メンテナンス（maintenance）とは構造物に要求される、安全性などの性能や機能を将来に向かって常時保持していくことです。

　わが国では、1950年代頃から戦後復興とともに国土整備が活発に行われました。道路、鉄道、ダム、橋梁などの多くの構造物が建設され、それらが国民の生活の基盤を造り、利便性や安全、安心な生活を築いてきました。

　しかし、それらの構造物は建設後、一切メンテナンスすることなしに永遠に使い続けることができるわけではありません。なぜなら、構造物も私たち人間と同じように、年月とともに状態が変化していくからです。戦後60年以上がたち、生活の基盤として造られた構造物は今後ますます補修・補強を必要とするはずです。

　例えば、私たちが健康診断や人間ドックを受けて、病気を早めに発見し、治療を行うことで長生きをめざすのと同様に、構造物も品質の低下を予防して、不良箇所を改善して可能な限り長く使い続けられることが理想です。

　そのためにはまず構造物の一生のことを知りましょう。**ライフサイクル**（lifecycle）と呼ぶ考え方で、一般に計画、設計、施工、供用、解体・更新という一連の過程を考えます。それぞれ、構造物を造る方法や手順などを考え（計画）、詳細を検討して図面に表し（設計）、工事を行い（施工）、完成した構造物を使用し（供用）、供用できなくなったら構造物を壊し新しいものを造る（解体・更新）ことを意味します。なお、構造物を使用する（予定）期間のことを専門用語で（予定）**供用期間**といいます。

　構造物は、施工までの過程において計画や設計どおりに造られても、供用時に事故や災害による損傷が生じるかもしれません。また、構造物の**耐久性**（durability、時間の経過に伴って、材料が劣化し、性能が低下する際、構造物が有する劣化に対する抵抗性）を低下させるような原因が構造物に作用することもあります。それによって耐久性が低下すれば、当然構造物の寿命は短くなります。

　鋼構造物の場合には、腐食を防ぐために塗装などのメンテナンスが不可欠と考えられてきましたが、コンクリート構造物の場合には、当初「メンテナンスフリー」といって、造ってしまえば永久に使い続けられるという誤ったイメージをもたれてきました。実際には、決して構造物に対して何もしなくて良い

---

episode ♣ 用語の使い方「メンテナンス」、「マネジメント」と「維持管理」

　わが国の土木コンクリート構造物の分野においては、構造物を良好な状態で維持するための行為を表す用語として「維持管理」と定義し、またこの用語の英訳を"Maintenance（メンテナンス）"としてきました。

　しかしながら、「維持管理」という用語は、本来、「メンテナンス（＝維持）」に加えて、予算検討やメンテナンスを最適かつ効率的に実行する行為を表す「マネジメント（＝管理）」を含むべき用語です。今後、「維持管理」という用語は、そのような使い方に変わっていくものと思われますが、本書では、混乱を避けるために、「維持管理」という用語ではなく、「メンテナンス」、「マネジメント」という用語を使用することを標準とし、そのなかでも「メンテナンス」を主体的に取扱い、「マネジメント」については概要のみを紹介するということにしています。

　このように、英訳の仕方によって、「用語」が微妙に違うニュアンスの意味を含んでいることもあるのです。

ということではありません。したがって、予定の供用期間や構造物に必要とされる性能を維持するため、少なくとも目視などの点検を行い、必要に応じて補修や補強といった対策を施します。さらに、その過程では予算検討も含めたマネジメントも併用してやりくりを行っていきます。ここでは、この一連の行為のことを幅広く**維持管理**（メンテナンス・マネジメント）と定義します。なお、マネジメントについては7章で説明します。

2 なぜメンテナンスが必要か

なぜメンテナンスを行って構造物を長持ちさせる必要があるのでしょうか。特に、公共事業で造られる社会基盤施設といわれる構造物（インフラストラクチャー、以下、**インフラ**）の建設には多額の税金が使われており、それらをできる限り有効に使うことが要求されます。しかし、これまでには多額の税金を投入して造ったにも係わらず、国民の生活水準の改善や地域振興に効果がないといわれる構造物も残念ながらありました。今日では必要不可欠なものかどうかをしっかり見極めて、できるだけ長持ちするように造ることが要求されてきています。

さらに構造物は完成後、時間の経過とともに老朽化していきますから、人間と同じように定期的に健康診断をしなければ、病気や怪我に相当する品質の低下や損傷を生じ、その対策に必要な経費が莫大なものとなり、長持ちする可能性も低くなっていきます。これは、我われの高齢化社会の進展や医療費・福祉経費の増大ともよく似ています。図1・1は、人と構造物の診断に関する比較を図示したものですが、構造物は人のように話ができませんから、専門の技術者が異常を発見して状況を診断することがさらに重要となります。つまり、点検が重要になるのです。

実際、構造物にはそのライフサイクルのなかで図1・2に示すように劣化因子や災害などのため、長く供用できないものもありますが、むしろメンテナンスにより長く健全に使い続けられるものが多いのです。この図からわかるように、劣化や災害を受けても、有効なメンテナンスにより長く供用できる可能性は高まるのです。

さらに、地球規模の環境悪化が懸念されるなかで、みなさんの子どもや孫の世代に現在のような住みよく安全な社会を引き継ぐためにも、地球環境を保全し、自然環境に配慮して自然と共生できる工夫や技術が望まれています。建設分野においては、まず建設材料やエネルギーを有効に使うことが必要でしょう。それを実現するためにも、常に構造物の状況を把握してメンテナンスを行うことが大切なのです。

以上のように、構造物を長持ちさせ、構造物の一

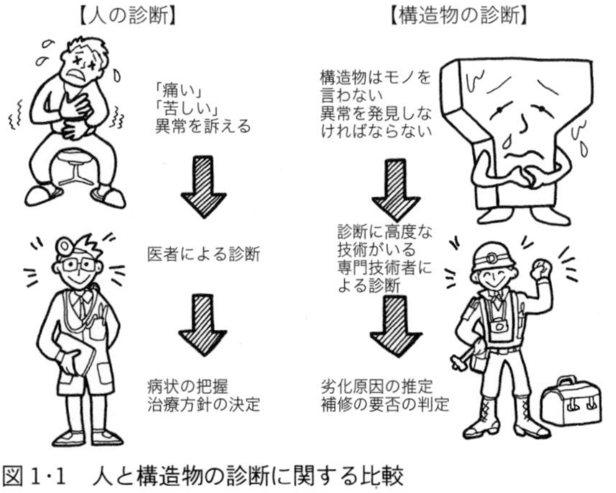

図1・1 人と構造物の診断に関する比較

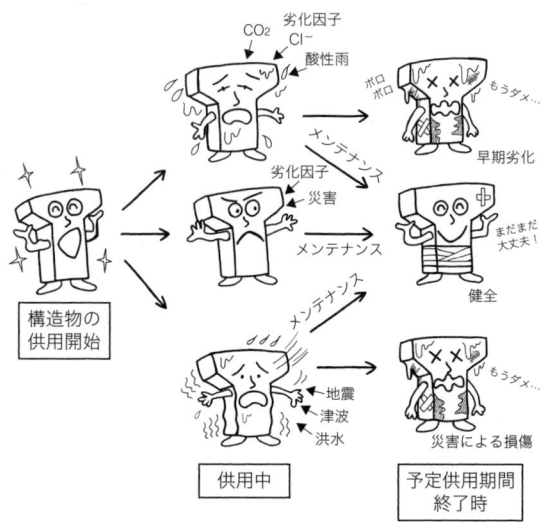

図1・2 構造物の一生のいろいろ

生にかける費用（LCC、ライフサイクルコスト）をできるだけ少なくして、環境への影響を小さくする、そのためにメンテナンスが必要になるわけです。

2 構造物の現状と課題

1 構造物の高齢化

我われの生活の基盤を造り、利便性や安全、安心を与えるために、多くの構造物が建設されてきました。現在の構造物は、戦後の高度経済成長期（1950年代前半～1970年代前半）を最盛期として数多く造られ、累積数は年々増加してきました。まだまだ、整備が遅れている地域もありますが、日本国内においても、大きなものから小さなものまで莫大な数の構造物が存在します。それらの構造物は、今後ますます高齢化が進み、人と同じように多くのケアが必要となってきます。そのような時期に大量に造られた構造物は、当初、劣化が生じるということを想定しないで造られてきました。よって、建設時に耐久性を向上させる工夫も少なく、メンテナンスも行われておらず、予想より早く劣化が生じる例も多く見られます。図1・3は、建設後50年以上経過するインフラの割合を示すものです。このように、多くの構造物の高齢化が進展することは明らかです。したがって、ある時期に多くの構造物で一斉に対策が必要になる状態になる可能性もあるのです。

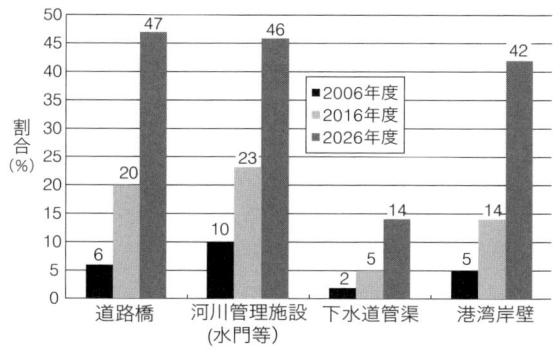

図1・3　建設後50年以上経過するインフラの割合
参考文献5のデータを用いて図化したもの、数字はいずれも大まかな割合を示す

2 対策と必要な経費

このような状況になると、当然、これらの構造物にどのような対策を行うべきかの判定が必要になるでしょう。つまり、人が健康診断などを受け、悪い

---

episode ♣ 構造物メンテナンスの歴史[3,4]

20世紀初頭のわが国では外国人技術者による指導と人材育成が行われていました。文明開化の時代、その指導は設計・施工に関するものが主でした。しかし、メンテナンスに関する外国語文献の和訳が公開されたり、また、小樽港築港工事では廣井勇博士によるコンクリートの供試体6万個を要する長期耐久性試験なども実施されています。当時は構造物を造ることが中心であったにしても、維持管理や耐久性への関心がなかったわけではないのです。

20世紀半ば、第二次世界大戦中および戦後は輸送需要の急増と資材不足を背景に、メンテナンス不足による荒廃が進んだ時代です。とりわけ1950年代前半～1970年代前半の高度経済成長期には、多くの構造物が建設されましたが、構造物を長持ちさせようという意識、そのためにどのような施工を行うべきかについて、考え方はまだじゅうぶんには確立されていませんでした。したがって、当時、建造された構造物のなかには短期間に施工を行うことが優先されたり、材料の需要と供給のバランスの狂いの影響からじゅうぶんな耐久性をもたないものもあると考えられています。耐久性が確保された構造物と比較すると、多くの労力とコストがかかることになってしまったのです。

1980年代には、構造物の早期劣化などの報道が目立つようになりました。メンテナンスにもようやく、学術的な位置づけが確立され始めました。疲労設計指針、耐久設計指針や維持管理指針などの検討と作成を経て、コンクリート構造物の分野における最も基本的な規準である、土木学会の『コンクリート標準示方書維持管理編』が2001年に制定されています。

現在は、メンテナンスの技術開発とともに、大学での講義や実務者のための資格講習などが本格的にスタートし、学術的な体系化もますます進められています。

そこで求められるのは、広範囲に状況を把握し、総合的な判断を行えるメンテナンスの技術者です。そして、適切な投資も必要です。欧米には、建設投資の約30％を既存構造物の再生・延命、維持に充てている国もありますが、今後は日本でもメンテナンス分野に投資をしていく時代にならざるを得ないでしょう。

所があると、精密検査をして原因を調べ、治療が必要かどうかを判断し、治療を始めるのと同様です。まず、構造物の状況をよく把握し、その結果から劣化などの原因を推定し、構造物がもつべき性能（要求性能）と実際にもっていると思われる性能とを比較し、対策を行う必要があるかどうかを判断します。

対策を行うまでの点検や原因推定などには経費が必要ですし、もちろん対策を行うにも経費が必要となります。しかし、構造物を管理する官庁や地方自治体などでは、これまで構造物の新設に重きが置かれ、既設の構造物のメンテナンスに多くの経費が配分されることは多くありませんでした。それは、投資の考え方にも関係することですが、目先の課題と10年、20年先の将来の課題につながるものへの投資のバランスをどう考えるかにもよります。少子高齢化や経済状況の悪化、景気の低迷などにより公共投資も削減されるなかで、地方自治体などはこれらの経費を捻出するのにかなり苦労しています。ますますメンテナンスにまわす経費を確保しにくい事態が起こっているのです。

3 米国から学ぶべき教訓

では、海外に同じような事例はないのでしょうか。米国は、1950年代から1960年代にかけて世界最大級の公共事業を実施し、何千億ドルもの資金を投じ、インターステート・ハイウェイ（州間高速道路）4万2000マイル（6万7600km）、橋梁8万橋におよぶインフラを18年間で整備しました。しかし、施設を整備したものの、その後修理や補修に対する投資を行わなかった結果、米国民がインフラの劣化を目の当たりにすることとなります（コラム「荒廃するアメリカ」参照）[文6]。

米国では1920〜1930年代に建設された橋梁が、1980年代には高齢化して問題になりました。日本では米国に30年ほど遅れて橋梁が建設されましたので、1950〜1980年代に建設された橋梁が2010年代に高齢化し、同じ問題を起こす危険性がじゅうぶんあります[文7]。まさに今、日本では米国の二の舞になるのではないかという懸念が高まっているのです。

米国の事例から学ぶべき教訓は[文8]、
①劣悪なインフラは優良なものよりコスト高である
②長期的な資本投資予算は必要不可欠である
ということです。

①は、「早く安く」造られたインフラは、ライフサイクルコストばかりか生産性の低下や資産としての価値の消滅、死亡者や負傷者の増加、環境の悪化など、構造物そのもの以外にも多くの影響がでて、総合的にコストが高くなることを意味します。②は、新設あるいは点検時における対症療法のような一時的な対応だけでなく、長期的な視点で対応を考えることの重要性を意味しています。

4 待ったなしの課題

これらを踏まえて、今後の課題を整理すると、以下のようなことが必要と考えられます。

①メンテナンス予算の確保

メンテナンスを必要とする構造物が増えることがわかっているのですから、対策を早期に行わなければ米国の二の舞になってしまうでしょう。高齢化社会となった日本において、福祉対策費が減らされると大変なことになるのと同じです。

最近では、道路橋梁のメンテナンスについて、国が地方自治体に対してその計画を立てるために要する費用の半分を補助する制度が設けられました。

②予防のための先行投資への市民の理解

目に見えて悪く、危険である構造物への出費には、市民の理解は得られやすく経費の支出も比較的容易です。しかし、「将来のため」という目に見えない状況に対しては、どうしても後回しにされる傾向があります。私たちが普段、病気の症状が出ると病院に行くけれど、予防や健康診断にはなかなか行かないのと同様です。

③メンテナンスのもととなる点検などのデータの取得、管理、共有体制の整備

メンテナンスを行うもとになる情報がないと正しい対策を適正な時期にできなくなります。また、それをきちんと管理して、いつでも利用できる体制が必要です。同様の事例を活かして、同じ失敗を繰り返さないことも重要です。これは、病院におけるカルテの取扱いと似ています（ただし、インフラは本来市民のものであるため、そのカルテは病院のカルテと異なり、公開されることが望ましいといえます）。

④メンテナンスを遂行する体制の整備

メンテナンスを継続的かつ計画的に行える体制が必要です。構造物の管理者や調査会社、施工会社などの人員不足や技術力不足があれば、対応ができなくなります。病院で医者や看護師、入院時のベッドの数が不足すると、必要な医療を受けられなくなるのと同様です。

⑤技術開発や教育制度の向上

メンテナンスを行っていくうえで、構造物が現時点でもっている性能や劣化の進み具合を見極めるには、高度な技術と経験が必要です。また、それに必要な技術開発や教育制度の充実が不可欠です。医療分野でも、新しい装置によって検査技術が向上し、苦痛や負担の少ない検査法が開発されていることや研修制度が設けられていることと似ています。

さらには、供用後の解体・更新の過程においても周辺環境への影響の少ない工法や技術の開発、解体したコンクリート廃材の有効利用システムの確立と持続的な運用が必要であり、重要な課題です。

3 技術者の確保

以上のような現状と課題から、構造物のメンテナンスを効率的に、できるだけ少ない経費で有効に行うことが必要なのですが、そのためには優れた技術を有する技術者の確保が重要です。構造物は安全であることが当たり前のごとく思われがちですが、そ

episode ♣ 荒廃するアメリカ

1950年代から1960年代にかけて、米国は世界最大級の公共事業を実施したものの、その後の維持や補修に対する投資が行われなかった結果、1980年代に入ると道路、橋梁、水道、下水処理施設、ダムなどの公共施設の荒廃と老朽化を招きました。

その実情を記述し、道路の荒廃が経済へどのような悪影響を及ぼすかを指摘し、全米から注目を集めた著作が『America in Ruins（荒廃するアメリカ）』です。この本は米国の主要新聞や人気テレビ番組で大きく取り上げられ、米国民の関心を集めました。

その後の米国はどうなったのでしょうか※6.8。1980年代後半から道路投資額のなかで維持修繕費が増額され、1990年代から2001年にかけて、その額は1980年の約3〜4倍になっています。その効果で構造上欠陥のある橋梁数は劇的に減少し、交通死亡事故も減少したといいます。さらに、道路投資が増額されて、道路や橋梁などが改善されると大統領への支持が高まり、それを受けて連邦議会が投資を続けたということです。

しかし、1983年には幹線道路での落橋事故が発生し、2005年にはペンシルバニア州でPC桁橋が落橋し、2007年には1967年開通のミネソタ州ミネアポリス市にある州間高速道路35号西線（I-35W）ミシシッピ川橋梁が突如崩壊し、13名の死者を出す大惨事が起こり、維持管理への投資を怠ったことの影響はいまだに残っています。

2004年の時点でも全体の26.7%が欠陥橋梁であるとされ、自然災害への備えが不じゅうぶんであったために、2005年8月末のハリケーン「カトリーナ」による被害拡大につながったともいわれています。

このように、米国の状況は改善されてきてはいますが、今なお、その後遺症に苦しんでいるのです。「荒廃する日本」にならないよう、今後の日本政府、そして市民の対応が注目されます。

崩壊後のミシシッピ川橋梁（提供：読売新聞社）

れは技術者の努力や苦労が支えているのです。医者が少なくては病院に行ってもなかなか適正な治療を受けられないのと同じです。技術者がいなくなると技術も伝承されずに、構造物や社会は荒れ放題になり、みなさんが安心して生活できなくなるでしょう。

では、どのような技術者が必要なのでしょうか。医者が豊富な知識と経験に基づいた技術で患者を治療していくのと同様に、技術者はメンテナンスに関する豊富な知識と経験に基づく技術を有していることが必要です。そのためには教育や現場でのトレーニングが欠かせません。

例えば、医療分野におけるインターンや研修医制度のような体制も必要でしょう。これまでのメンテナンス分野では、コンクリート診断士、コンクリート構造診断士、鋼構造診断士、土木学会認定技術者などの資格制度が整備されてきました。これらの資格制度は、日々進歩する技術や明らかになっていく新情報に対応するために、継続的な教育を行っていくこと、優れた技術者を育てることをめざすシステムです。

では、実際にどのような組織のどういう人が、どのような技術や資格をもって、メンテナンスの実務に関わっているのでしょうか。

例えば、国や地方自治体などの管理者は、構造物を管理する主体として、メンテナンスを発注します。その仕事を受注したコンサルタントなどの調査・設計会社は、メンテナンスのための調査・診断や対策のための検討、設計を行います。そして補修・補強会社や建設会社の土木技術者と呼ばれる方々が、対策などの工事を担っています。

それらに当たる技術者は、現場の経験を通して技術を身につけていっています。また、日々勉強して上記の資格などを取得し、取得後も継続して新たな情報を入手しながら知識や技術の向上に努めています。構造物は今後ますます、優れた技術を有した技術者によって、守られていかねばならないのです。

参考文献

1) ㈳日本コンクリート工学協会『コンクリート構造物のアセットマネジメントに関する委員会報告』2006
2) ㈳土木学会関西支部『コンクリート構造の設計・施工・維持管理の基本』2006
3) 阿部雅人、阿部允、藤野陽三「我国の維持管理の展開とその特徴—橋梁を中心として—」『土木学会論文集』Vol.63、No.2、pp.190-199、2007
4) 日本コンクリート工学協会『コンクリート診断技術 '10』2010
5) 国土交通省編『国土交通白書2008　平成19年度年次報告』2008
6) P. チョート＆S. ウォルター、岡野行秀監修『荒廃するアメリカ』開発問題研究所、1982
7) 国土交通省編『国土交通白書2007　平成18年度年次報告』2007
8) ㈳土木学会『未来への投資—未来のための社会資本整備を終わらせて良いのか？—』pp.3-38、2007

2章
構造物の機能・性能とメンテナンスの基本

1 構造物の機能と性能

　構造物にはそれぞれ役割があります。例えば、ダムには水をせきとめる役割があり、橋梁には車や人を通すといった役割があります。通常、こういった役割のことを**機能**と呼んでいます。また構造物を構成する部材や材料にも役割があり、それぞれが役割を果たすことによって、構造物として機能することができます。

　道路橋を例にとると、まず舗装と床版が車の輪荷重を支え、さらにその力を桁が受けもち、支承を通じて橋脚や橋台に伝達します。さらに橋脚や橋台は基礎によって支えられ、初めて車を通すことができます。これら主要部材のほか、雨水を流す排水設備や高欄なども橋梁を構成する部材といえます。図2・1に示すように、橋梁はさまざまな部材や材料により構成されています。例えば主部材の主桁（フランジ、ウェブから構成される）、床版などには「荷重を支える」という機能があり、伸縮装置には「温度変化による桁の伸縮を調整する」という機能があります。また鋼材に塗るペンキには「鋼材のさびを防ぐ」という機能があります。また特殊な例として、鉄筋コンクリートにおける「かぶり」には、塩分や二酸化炭素の進入を阻止し、「鉄筋を腐食から守る」という機能もあるのです。

　さて、橋梁にも歩道橋や鉄道橋、高速道路などいろいろな種類があります。それぞれの種類によって果たすべき役割が異なっています。歩道橋は人を通すという機能、鉄道橋は鉄道車両を通すという機能、高速道路は自動車を通すという機能です。また、それぞれの機能を支障なく、安全に果たすことが求められます。例えば、劣化によって構造物の状態が変化した場合にも機能を損なわないようにしなければなりません。また、風や地震時に対しても構造物の機能が損なわれない、もしくは、壊れないようにしなければなりません。そこで、構造物を造る際には、そのような機能に応じた能力をもたせるようにします。その能力のことを**性能**といいます。すなわち、構造物がもつべき性能の種類や程度は、その構造物に求められる**機能**により決まってくるのです。

　一般的には、「安全に（**安全性・第三者影響度**）」「快適に（**使用性**）」「きれいで（**美観・景観**）」「長く（**耐久性**）」などの性能が求められます（表2・1）。構造物は、定められた機能を供用期間中に達成し続けるために、要求された性能をもち続けることが求められるのです。そのため、構造物のメンテナンスでは、構造物や部材に求められる性能を明らかにしたうえで、それぞれの性能について検討を行う必要があります。

表2・1　構造物に要求される性能

要求性能	項目	指標など
安全性	耐荷性	断面力・応力度
	安定性	転倒モーメント・変位・変形
	耐疲労性	応力度
使用性	走行性	変位・変形・振動数
	材料諸特性	水密性、かぶりコンクリートのひび割れなど
第三者影響度	コンクリートなどの落下	ひび割れなど
	騒音	騒音レベル
	振動	振動レベル
美観・景観	見た目の不快感・不安感	さび汁・ひび割れ・変色
耐久性	安全性・使用性など	各種性能の維持能力を評価できる指標、もしくは外観上の変状・腐食抵抗性など

1 構造物に要求される性能

ここでは橋梁を例として考えましょう。図2·2に示すように、橋梁に要求される性能には、車や人を安全に支える性能、有害な幅のコンクリートひび割れがなく、車や人が乗っても大きくたわまない性能や揺れすぎない性能、また見た目が美しい性能などが求められます。以下で詳しくみていきましょう。

①安全性

構造物に求められる最も基本的な性能であり、耐荷性、耐疲労性、安定性などの総称として用いられます。まず最も重要な性能は、外力に対し部材が破壊しない性能、すなわち耐荷性です。ここでの外力とは、想定しうるすべての外力であり、橋の場合自重などの死荷重、自動車などの活荷重、さらには風、地震や車両の衝突による衝撃力まで含まれます。また繰り返し外力が作用する場合には、疲労破壊しない性能も求められます。これが耐疲労性です。疲労破壊は、耐力(構造物がもち堪えることができる最大

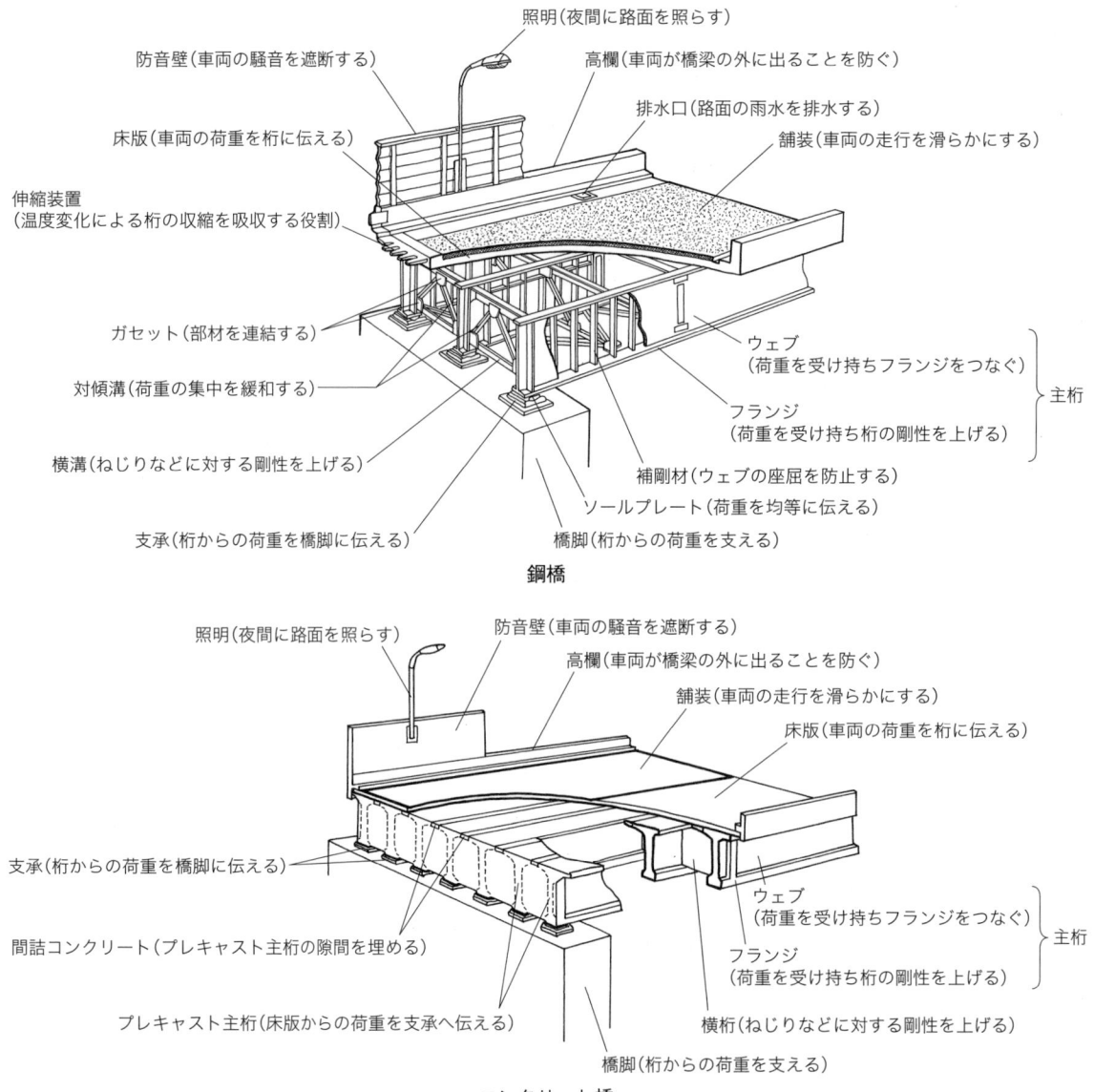

図2·1 橋梁を構成する部材の役割

の力) 以下の力でも、繰り返し作用することにより破壊に至る現象であるため、上記の耐荷性とは区別して考える必要があります。さらに場合によっては、構造物全体の安定性も求められることがあります。例えば、躯体(構造物そのもの)が破壊しなくても基礎や擁壁などでは滑ることや転倒することがあり、この場合、構造物の性能が発揮できなくなります。

②使用性

使用性とは、その構造物を使用するにあたって問題があるかないかを意味します。また、使用するうえでの「快適性」を意味する場合もあります。例えば、車両の走行性や歩行者の歩行性などがあり、路面の凹凸、構造物全体の振れ具合やたわみの大きさなどが影響します。さらに、コンクリートに大きなひび割れがある場合、内部の鉄筋が腐食するため、そのまま使用することはよくありません。

また、材料の状態に関わる使用性として、遮水性、水密性、防湿性などの物質遮断性能や、透水性、防音性、耐火性などの性能もあります。これらの性能の多くは、時間とともに変化するため注意が必要です。

③第三者影響度

コンクリート構造物では、劣化によってかぶりコンクリートの剥落などが発生し、下を通行する車や人へ被害を与えるといった事例があります。これは、直接的に第三者に影響を与えるため、通常の構造物の「安全性」とは区別して扱っています。また、周囲への騒音や振動などの問題も第三者影響度として扱います。

④美観・景観

維持管理上の美観や景観とは、構造物の見た目が「きれい」で「安心」できるものである、そして周囲に溶け込んでいるという性能です。例えば構造物の表面がさび汁で汚れていたり、ひび割れがある場合は、見た目に不快であるだけでなく、使用者に不安を与えます。

⑤耐久性

耐久性とは、安全性や使用性、第三者影響度や美観・景観といった性能が、現時点だけではなく長く

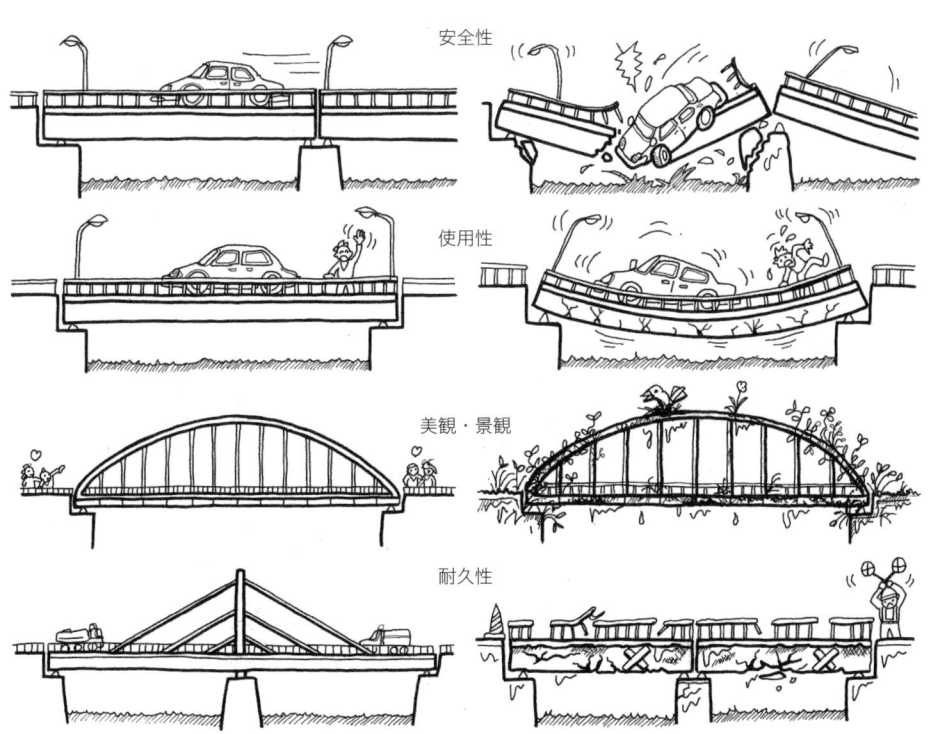

図2・2 橋梁に求められる性能

維持されることを意味します。つまり、耐久性という個別の性能があるのではなく、「ある性能が長続きすること」（維持能力）を指すのです。そのため、供用期間中に求められる具体的な性能は安全性や使用性であり、本来ならそれぞれ個別の性能について維持能力を確認する必要があります。

しかし現状の技術では、それぞれの維持能力を個別に精度よく示すことは困難なので、耐久性という性能をあたかも1つの性能とみなし、その性能を評価することで、各種の性能が維持されていることを間接的に評価することにしています。

具体的に耐久性を示すものとしては、外観上の変状であったり、鋼材の腐食抵抗性であったりします。また耐久性は、予定供用期間をどの程度に設定するのか、また各性能をどの程度確保するのかにより、満足すべき条件が変わってきます。

2 メンテナンスの基本

1 時間とともに低下する性能

①要求性能とは

前節では構造物、特に橋梁を例として**機能**（役割）と**性能**（能力）をみてきました。構造物を新しく建設する場合、構造物の所有者（あるいはその代理人）は、その構造物に期待する機能（役割）とその性能（能力）の水準を明確に設定します。これを**性能規定**といい、要求する能力を**要求性能**といいます。

技術者は、これから建設される構造物の性能が、ある所定の安全率（余裕）をもって要求性能を満足しているかどうかを確認（**性能照査**）して構造物を設計します。これを**性能設計**といいます。

ここでいう道路などの構造物の所有者とはみなさん（国民、市民）のことで、その代理人とは構造物をみなさんの代わりに管理している団体です。国道に架かる橋梁を例とすれば、代理人は国土交通省になります。そして、技術者とは実際に構造物を設計、施工する人たち（設計コンサルタントや建設会社な

ど）です。もちろん、管理するためにも技術が必要ですから、代理人の団体にも管理（監理）技術者がいます。この本を読んでいるみなさんは、所有者であるだけでなく、将来は、代理人にも技術者にもなりえますね。

②性能の低下に備えた性能設計

さて問題は、社会基盤を構成する構造物は、多くの場合出来上がればそれで良し、というわけにはいかないことなのです。これから何十年、何百年と使い続けてもらわなければなりませんが、実際には性能は低下していきます。その原因はいくつかあります。

例えば、建設時または建設直後に不具合（「欠陥」）が生じたり、または衝突事故や地震のように短時間のうちに発生する「損傷」の場合もあります。そして、構造物を長く使用するうえで特に見落としてはならないのが、時間の経過とともに材料や構造物の性能が衰える「**劣化**」の症状です。

身の回りの家電製品や自動車を考えてください。十年も使っていると、いろいろな箇所に不具合を生じたり、部品が故障したりして、一般的には購入当時よりも性能が低下します。そして、いずれはその製品が期待されていた役割を果たせなくなってしまうこともあります。

構造物についても同じように時間とともに低下する性能を考える必要があります。出来上がった構造物を使用する期間を**供用期間**といいましたが、構造物が、その期待される機能をじゅうぶんに果たさなければならない期間を、**設計耐用期間**といいます。車や人を通すという機能を期待されている橋梁では、通常、これらの機能をじゅうぶんに果たしている期間である設計耐用期間中は、安全に供用する（車や人を通す）ことができなければなりません。

構造物は、（予定）供用期間＜設計耐用期間となるように設計するのが一般的です。ただし、（予定）供用期間を超え、さらにまだまだじゅうぶんに使える、

あるいはもっと使いたいという場合もあります。このような場合には、その構造物の性能が要求性能を満足しているかどうかを適切に確認しながら供用期間を延ばすことになります。

一般的に構造物の性能は、図2・3に示すように時間とともに右下がりに低下していきます。このような経年的な性能低下を引き起こす原因となるのが、3章で述べられている種々の劣化要因になります。そして、構造物をそのままにしておくと、いずれは性能が要求性能を下回ることになって、その構造物は期待していた役割を果たすことができなくなります。

家電製品や自動車であれば、購入者の経済的事情にもよりますが、比較的容易に新しいものを再び購入するという選択肢を第一に考えることができるでしょう。しかし、公共性の高い構造物では、安易な更新が必ずしも有効な代替案になりません。例えば、国道に架かる橋梁は、国民の税金の一部を使って造られているうえに、その橋梁が使えない間の経済的損失も考慮しなければなりません。また、橋梁の建設や解体時には多量のCO_2を排出するため、環境への負担も大きいのです。

構造物の設計では、(予定)供用期間中にこのような性能の低下した状況に陥らないよう、設計をしておくことが基本となります。その設計の前提としてまず、供用期間を通して構造物をどのように使っていきたいか、いい換えれば、構造物の性能をどのように時間軸に沿って振舞わせたいかという、構造物の生涯シナリオを描いておくことが必要になります（**シナリオデザイン**）。そのシナリオに沿って性能設計を行います。

つまり、時間軸を考慮した性能設計とは、設計する一時点あるいは供用中の一時点のみを対象とするだけでなく、構造物の設計耐用期間中、どの時点でも構造物の性能が要求性能をある所定の安全率をもって満足するように設計することなのです。

③メンテナンスの基本——性能の確認

では、供用期間中のある時点で、「構造物の性能が要求性能を満足している」ということを、どのようにして確認して保証すれば良いのでしょうか。ここで必要となる重要な技術的行為が、**メンテナンス**です。メンテナンスは、

①計画
②診断（**点検**、**劣化機構**の推定および**劣化予測**、評価および判定）
③対策
④記録

の流れに沿って行うこととされています※1。

性能設計では、5章で述べられるような劣化予測技術を用いて、時間軸に沿った劣化の進行を予測して、構造物の性能を評価していきます。しかし、構

図2・3　性能の時間的変化

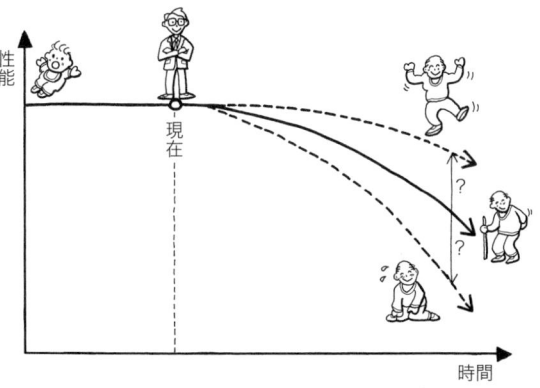

図2・4　性能の予測精度の幅（確実な劣化予測は困難なので必ず余裕をもって予測する）（出典：㈳土木学会『コンクリート標準示方書［維持管理編］』2008、p.54、図5.3.1）

造物の使用される環境や使用された材料によって、劣化の機構（種類）は多種多様で不確定な要素も多く、確実な劣化予測は難しいのが現状です。図2·4に示すように、将来の性能の予測精度には幅があることを認識しておかなければなりません。このため、計画で設定した適切な時点で構造物の点検（4章）を行い、得られた点検データから構造物に生じている劣化機構の推定（劣化がどのような種類のものであるかを推定し）と点検以降の劣化予測を行います。この時の劣化予測は、それ以前に行われた劣化予測が正しかったかどうかを確認し、あるいは修正する材料にもなります。得られた点検データから構造物の性能を評価し、構造物に施すべき処置を判定します（5章）。

対策には、点検強化、**補修・補強**（6章）、機能向上、供用制限、解体・撤去が選択肢としてあります（表2·2）。これらのうち、現状の構造物の性能とその将来予測から適切な対策を選択し、講じます。

そして一連の行為の記録は、その構造物のその後のメンテナンスに必要であるだけでなく、今後建設される構造物の設計や施工にフィードバックするための情報としてきわめて重要です。

以上のようなメンテナンス行為があってはじめて、構造物の供用期間中のある時点での性能が明らかとなります。すなわち、メンテナンスは構造物の供用期間中の性能を保証するための有効な手段であるといえるでしょう。それでは、次項でこのメンテナンスの基本的な流れと個別の技術的要素についてみてみましょう。

2 メンテナンスの実践

メンテナンスの一連の流れは図2·5に示すように、計画、診断、対策、記録です。ここでは、それぞれがどのような役割を果たしているのか個別に説明します。

①計画

個々の構造物に対してどのようにメンテナンスを進めていくのかを決定します。性能の時間的変化は構造形式、部材形状、材料によって、さらには構造物がさらされている環境によっても異なります。例えば、鋼材とコンクリートでは**劣化機構**（劣化の状態・しくみ）が異なりますし（3章）、比較的乾燥した地域にある橋と、沿岸部のような塩分を含んだ海水の水しぶきの影響を受けるような地域にある橋とでは腐食の進行度合いが異なります。

このような違いを把握したうえで**メンテナンス計画**を立てます。計画のなかには、点検の時期（間隔）、点検項目、対策に必要な費用の予測、などが含まれます。

表2·2　メンテナンスにおける対策

点検強化	点検の頻度を増やす。点検の項目を追加する
補修	第三者への影響の除去。美観・景観や耐久性の回復、向上。安全性や力学的な性能の回復
補強	安全性や力学的な性能の向上
機能向上	当初必要とされた以上の機能を付加する 例）交通量の増加した橋梁に対して、拡幅工事を行い、車線を増設するなど
供用制限	使用方法を制限する 例）橋梁を通るトラックの重量制限、速度規制など
解体・撤去	構造物の廃棄、更新

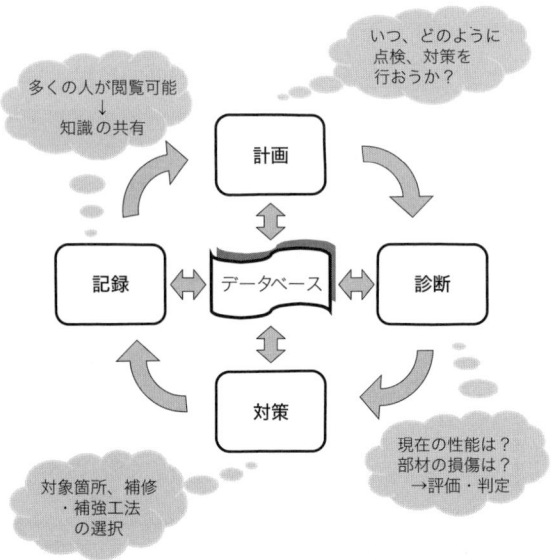

図2·5　メンテナンスの基本的な流れ

②診断

　実際に構造物の点検を行った後、構造物の状態を評価・判定します。以前にも点検がなされている場合には、評価・判定結果は前回の点検時になされた**劣化予測**と比較され、次回の点検までの劣化予測の精度向上にも用いられます。

　点検の際には、構造物のどの部分で、どのような構造・部材の変化に注意して点検を行えば良いのかが重要となります。確認された状況が点検結果として注目すべき内容なのかどうかを点検者がその場で判断できるようになるには経験が必要ですが、わが国にある構造物の膨大な数に対して、そのような判断ができる技術者の数は少ないのが現状です。そこで、構造物を点検する人、「**点検員**」を育成する活動がなされています。また、点検時にどのような点を

---

episode ♣ メンテナンスのエキスパート、点検員

　構造物（例えば橋梁）がどのような状態にあるのか、それを点検する人たちを一般的に「点検員」と呼びます。点検員はあらかじめ決められた項目について橋梁を点検するだけでなく、得られた点検の結果から、その橋梁の性能が今どのような状態にあるのか、診断しなければなりません。そのためには特別な技術と知識が必要とされるのです。

　現在、コンクリート診断士（㈳日本コンクリート工学協会）やコンクリート構造診断士（㈳プレストレストコンクリート技術協会）、土木鋼構造物診断士（㈳日本鋼構造協会）など、構造物を構成している材料に応じて異なる資格が定められ、点検員の技術、知識を高めるような取り組みが行われています。

　構造物に関連する企業（建設コンサルタント、建設会社など）、官公庁に勤務している人たちが、自主的に、または業務に必要とされて点検員としての資格を取得しています。

補強前

補強後

図2・6　腐食した桁の補強事例（資料提供：㈱アスコ維持修繕グループ）

調査結果報告書①

写真1　全景

写真4　主桁(G1)連結部　たわみ

写真2　主桁(G1)腐食断面欠損

写真5　主桁(G1)連結部　溶接割れ・たわみ

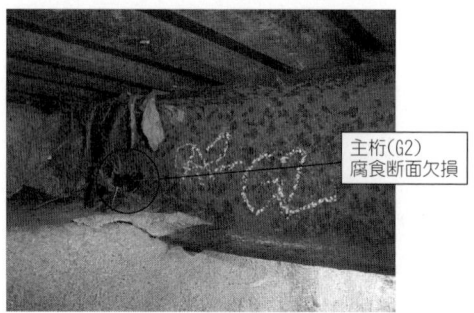
写真3　主桁(G2)腐食断面欠損

図2・7　調査結果報告書（資料提供：㈱アスコ維持修繕グループ）

調査結果報告書②

0603橋補強提案

1. 補強概要
1）桁受け工
　あくまで橋梁の規模、将来的な社会的機能を考え、費用対効果を考えた案とします。主桁端部のWeb.PLが腐食し支点として機能していないため、橋台前面で桁受けを行い、全上部工反力を受け持つ構造とします。桁受け材は、溝形鋼で門型に構築し、橋台へは樹脂系アンカーボルト（ケミカルアンカー同等品）で定着します。溝形鋼の部材長は、最大1.5mで重量が30kgのため、人力で運搬・取付けが可能です。

桁受け工詳細図　S=1:20

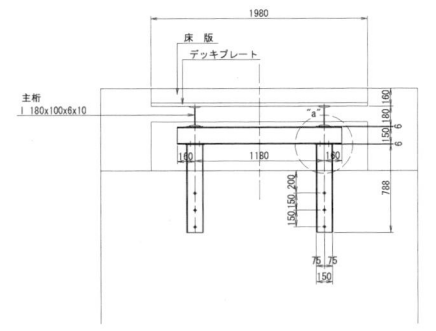
A2橋台正面図

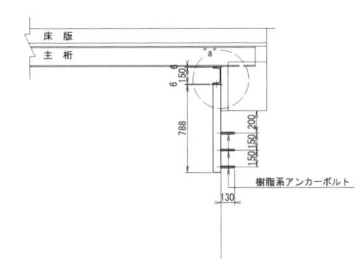
A2橋台側面図

2）添接部補強工
　主桁L.Flgの下面に補強板（t=6mm）を現場溶接し、主桁を連続させます。

添接部補強工詳細図　S=1:10

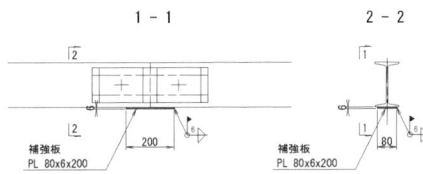

図2・8　補強工法の提案（資料提供：㈱アスコ維持修繕グループ）

確認すれば良いかを「**点検項目**」として設定し、それぞれの項目に対してどのような状態であれば、どのような評価をすれば良いのか（**評価基準**）が規定されている場合もあります。わかりやすい「点検項目」「評価基準」であれば異なる人が点検を行っても同じ評価が得られるからです。このような点検についての詳細は4章で説明します。

先にも述べたように、点検による評価・判定は劣化予測（5章）の精度向上に役立たせることができます。前回の点検結果と今回の点検結果との比較により、今回の点検が行われるまでの間に性能の劣化がどの程度進行したかを確認できるからです。しかしながら、実際には劣化はさまざまな条件が重なって起こり複雑なものとなるため、点検や評価・判定を数値で表現し、比較・検討を客観的に行うことは一筋縄ではいきません。このことが劣化予測をさらに難しいものとしています。

③対策

診断により得られた構造物の性能の劣化状況をもとに、どのような対策が必要かを検討します。どのような性能の劣化なのかを判断し、原因・劣化機構を推定し、例えば補強が必要なのか補修が必要なのかを判断します。その結果から最適な補修・補強工法を選択します。性能の劣化とその原因については3章で、補修・補強工法については6章で詳しく述べます。

数多くの構造物を診断すると、補修・補強が必要な箇所が多く発見されるかもしれません。その場合、すべての箇所に対して同時に対策を講じることは予算的、時間的に難しくなります。その際には計画で定めた費用も考慮に入れ、補修・補強が必要な箇所の緊急性を劣化予測から判断し、優先的に対策を講じる箇所を決定しなければなりません。優先順位をつけることにより、以降のメンテナンス計画にも変更が生じます。補修・補強ができるだけ近い将来に必要と判定された箇所はそれ以降、比較的短い間隔でひんぱんに点検する必要があると判断される場合もありますし、優先的に対策が講じられるようにしておかなければなりません。

このように、補修・補強対策を講じる際には、最適な工法を選ぶことも重要ですが、どの箇所から対策を講じていくか、それらの優先順位を決定することも重要なのです。

④記録

診断、対策で得られた結果はもちろんのこと、メンテナンス計画自体も資料として残しておく必要があります。一連のメンテナンス作業を記録し、**データベース**として保存することにより作業に携わる人が誰でも閲覧することができるようになります。これにより、過去の診断結果からどのような対策が選ばれ、どのような効果が得られたのかがわかります。従来は個人の経験として蓄積されていたのですが、データベース化することでそれらを多数の人で共有することができます。

最後に簡単な補強事例を示します（図2・6〜2・8）。補強前・後の橋の写真（図2・6）では、桁の端部が腐食していることがわかります。橋を点検した結果、報告書が作成され（図2・7）、このような状態では主桁の端部では橋自身の重さや通過する車両の重さに耐えられないのではないかと判断された結果、補強工法が提案されました（図2・8）。ここでは、橋台と呼ばれる橋を支えるためのコンクリート製の構造物に、主桁を支えるための部材を追加（図2・6下の写真）することで対処しています。

参考文献
1) ㈳土木学会『2007年版コンクリート標準示方書［維持管理編］』2008
2) ㈳土木学会『鋼橋における劣化現象と損傷の評価』1996

3章
構造物の劣化──症状としくみ

　構造物の劣化とは、建設後、時間の経過とともに材料や構造物の性能が低下することをいいます。衝突や地震による損傷のように原因がはっきりしている場合は、対策も検討しやすいのですが、劣化の場合、見た目には同じように見える症状でも、原因や進展の程度がわかり難いことがあるので注意が必要です。例えば、コンクリートの「ひび割れ」をとってみても、その原因は後で述べるように中性化なのか、塩害なのか、疲労なのか、いくつか考えられます。適切な補修・補強の計画を立てるためにも、どの症状によるものなのかを見極めて評価する必要があるのです。

　構造物は多種多様な形式を有していますが、その構成材料の多くはコンクリートと鉄鋼（鋼：はがね、これ以降、鋼は「こう」と呼びます）です。近年ではアルミニウムのような軽金属や、ガラス繊維や炭素繊維などで補強された FRP 樹脂の応用も考えられていますが、まだまだ適用事例が少ないのが現状です（図 3・1）。

　土木構造物は使用材料やその使用法によって劣化現象に違いがあります。特に、材料による劣化現象の違いが大きい傾向がありますので、本章では構造物のなかでも代表的な、コンクリート構造と鋼構造

> **episode ♣ メンテナンスで使う劣化症状の名前**
> 　この章ではさまざまな劣化症状が登場しますが、それらにはさまざまな呼び方や書き方があります。その多くは次のように区別できます。
> ①呼び方自体が違う
> 　この代表例は鋼構造の腐食です。この現象に関しては「腐食」という場合と「腐食損傷」という場合、そして表面に発生するものから「さび」という場合があります。この使い分けにははっきりしたルールは見当たらないのですが、より現場に近づくほど腐食→さびとなる傾向があるようで、点検結果を記録する時に手早く書けるように工夫された結果かもしれません。
> ②書き方が違う（漢字とカタカナ、ひらがな）
> 　現場に近いほど、「腐食」→「さび」→「サビ」と記述する例のほかに、一部だけ漢字がひらがなに変わる場合もあります。例えば「亀裂」を「き裂」と書きます。なぜ「亀」だけをひらがなにしないといけないのか？　その理由が明確ではありません。「剥がれ」を「はがれ」と書いたり、「橋梁（きょうりょう）」を「橋りょう」と表記する場合も同じです。
> 　なぜこのような表記の慣習があるのでしょう？　今のところ、一番もっともらしい説は、これらの漢字が常用漢字表（文科省 HP などで見ることができます）に掲載されていないため、というものです。ただし、常用漢字表に載っていなくても一般の新聞に用いられる表記は問題なく使用できるようです。
> 　これらの使い分けに関しては管理者団体ごとに呼び方、書き方が変わってくることもあるのですが、似たような劣化症状でも専門とする分野ごとに当てはまる単語が変化してくるという現実もありますので、じゅうぶんに注意しましょう。

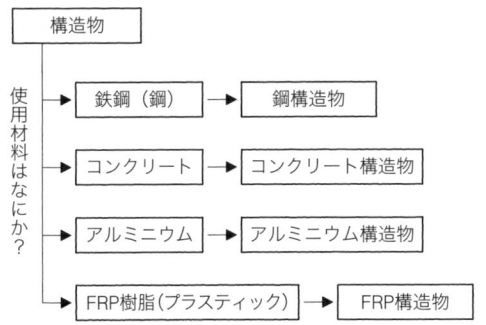

図 3・1　構造物の分類例（材料による）
使用材料による分類では、鋼を主たる材料として使用した構造物を「鋼構造物」と呼ぶ。主たる材料がコンクリートになると「コンクリート構造物」となり、鋼とコンクリートのように異なる材料を組み合わせて、それぞれの長所を生かす工夫をした構造物を「複合構造物」と呼ぶ。特に、鋼とコンクリートを組み合わせた構造を「鋼・コンクリート複合構造物」と呼ぶ。

表3·1 構造物の主な劣化症状

コンクリート構造	ひび割れ／剥離・剥落／さび汁／遊離石灰／ゲル
鋼構造	塗装の劣化：変色・退色／膨れ／割れ／はがれ 構造の劣化：き裂／破断／ゆるみ・脱落／変形／異常振動・異音／腐食

について示すことにします（表3·1）。

1 コンクリート構造物の劣化の症状としくみ

図3·2に示すように、コンクリート構造物にも人間の病気やけがに相当する劣化や損傷という現象が生じます。**劣化**とは時間の経過に伴って、材料や構造の性質に衰えが生じ、進行するものを指します。

ちなみに劣化の他に、施工時に発生するひび割れや豆板、コールドジョイントなどの**初期欠陥**や、地震や衝突などによるひび割れや剥離など、短時間のうちに発生し、その状態が時間の経過によっても進行しない**損傷**もあります。これらを総称して**変状**と呼びます。

このうち劣化現象には、反応性骨材による**アルカリシリカ反応（ASR）**、凍結融解作用による**凍害**、酸性物質や硫酸イオンによる**化学的侵食**、磨耗による**すりへり**、塩化物イオンによる**塩害**、二酸化炭素による**中性化**、および大型車通行量や繰り返し荷重による**疲労**などがあります。それぞれの劣化現象がコンクリート構造物に及ぼす影響はさまざまです。

コンクリートはセメントペーストを接着剤として細骨材（砂）と粗骨材（砂利）を固めた材料です。この材料の代表的な特徴の1つに「圧縮力（押しつぶそうとする力）にはよく抵抗できるが引張力（引き伸ばそうとする力）には弱い」というものがあります。この特徴は構造物を造る際に問題となることが多いので、多くのコンクリート構造物には引張力が発生した時に構造物が壊れてしまわないように「鉄筋」と呼ばれる鉄の棒をコンクリートのなかに埋

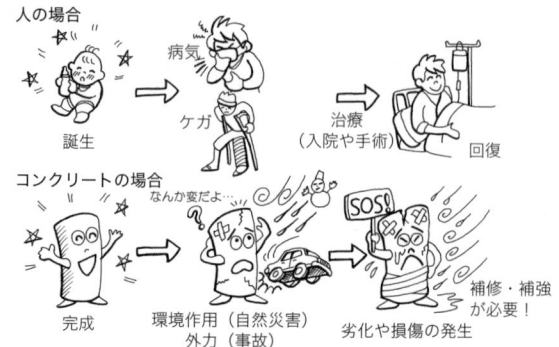

図3·2 人間の病気やけがとコンクリート

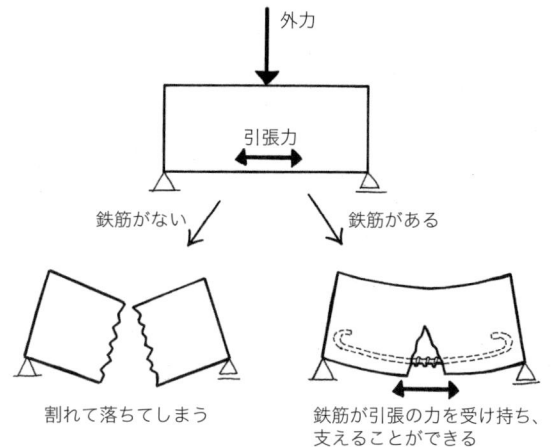

図3·3 鉄筋コンクリートの考え方

め込み、補強しています（図3·3）。この鉄筋を使って造り上げられたコンクリートの構造物を正確には「鉄筋コンクリート構造物」と呼びます。身のまわりにあるコンクリート構造物のほとんどはこれです。これに対して、鉄筋を使わずに造られたダムのようなコンクリート構造物を「無筋コンクリート構造物」と呼びます。

コンクリート構造物に発生する劣化とその原因をもう少し詳しく分類してみると、

①コンクリートそのものの劣化と異常：アルカリシリカ反応、凍害、化学的侵食、すりへり
②鉄筋の異常：塩害、中性化
③疲労
④建設（or製造）時の失敗による異常：豆板、コールドジョイント、収縮ひび割れ

という4つのパターンに分類することができます。ここではこれらのパターンごとにどのような現象が見られるのかを説明しましょう。

1 コンクリートそのものの劣化と異常

コンクリートは製造後、大気や水分などその周辺に存在するいろいろな物質の影響を受けます。それらの物質は、コンクリートが従来もっていた性能を変化させてしまったり、失わせたりします。また、性能や性質の変化といったものではなく、周辺にある物質の攻撃を受けて、コンクリート自体が損耗してしまう現象も見られます。これらの現象を列挙すると次のようになります。

①アルカリシリカ反応（ASR）

❖症状

アルカリシリカ反応とは、コンクリートに使用した骨材とコンクリート中のアルカリ成分が反応を起こしてしまうことです。この反応が起こった場合、構造物の表面には図3・4や図3・5に示されるような細かい亀甲状のひび割れや、鉄筋あるいは基盤に平行するような大きなひび割れが発生してしまいます。この反応によるひび割れは近寄って見ると、図3・6のようになかからゲル状の物質が流れ出していたり、ひび割れの周辺が白く変色していたりするのが特徴です。この現象が認められた構造物では、表面だけでなく内部奥深くのコンクリートにも劣化が及んでいる可能性がありますので、取り扱いには注意が必要です。

❖劣化のしくみ

アルカリシリカ反応による劣化の主な要因は、反応性骨材（アルカリ成分と反応しやすい骨材）です。反応性骨材が、高アルカリ環境と水分の存在のもとで**アルカリシリカゲル**を生成し、それが吸水膨張を生じることによってひび割れが発生し（図3・7）、コンクリート自体が劣化していきます。亀甲状のひび割れが発生し（図3・4、5）、コンクリート自体が損傷していきます。シリカゲルの膨張が大きい場合に

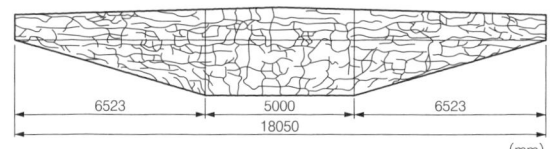

図3・4 アルカリシリカ反応によるひび割れ例（T型橋脚のはり部）

図3・5 アルカリシリカ反応によるひび割れ

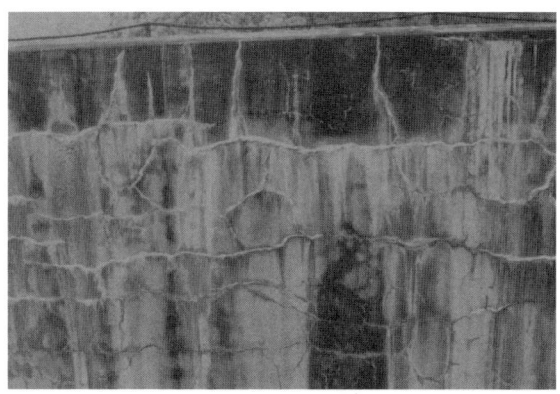

図3・6 アルカリシリカ反応によるひび割れ（詳細）

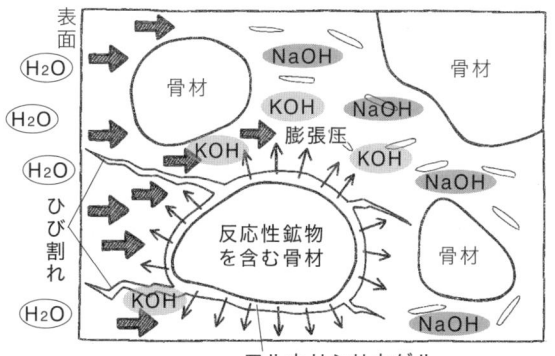

図3・7 アルカリシリカ反応による劣化のしくみ

は、ひび割れが過大に開き、内部の鋼材への影響も大きくなっていきます。

この劣化は、反応性骨材とそこへ生成するアルカリシリカゲルの吸水による膨張が主要因なので、水分の有無が大きく影響します。ただし、水分の遮断は困難で、コンクリート表面からの水分の浸入を断っても、他の部位からの浸入やもとから内部に含まれている水分、アルカリ量の保持により反応が進行します。また、一旦反応が生じれば、それを抑制あるいは停止させることがひじょうに困難です。

ひび割れの発生やき裂の進展を完全に止めることが困難なので、対応策として合併症である鉄筋の腐食や破断を防ぐ必要が生じます。

②凍害
❖症状

凍害とは、冬季の冷え込みが厳しい地域において発生する劣化損傷です。この劣化は現象が発生した部分のコンクリートの組織が完全に破壊され、コンクリートがバラバラになってしまうという形態上の特徴があります（図3・8）。凍害が発生すると、部材としてのコンクリートが減少してしまうため、構造物を支える各部材の能力に影響を与える可能性があります。

❖劣化のしくみ

コンクリートが低温環境にさらされると、コンクリート中の水分が凍結し、氷となる際に体積膨張が発生します。その後、気温の上昇に伴い氷が解けて（融解し）、膨張がゆるみます。長年にわたってそれらの凍結と融解を繰り返す凍結融解作用によって、コンクリート表面に微細ひび割れ、**スケーリング**（コンクリート表面がフレーク状にはげ落ちること）、**ポップアウト**（コンクリートの表面部分が飛び出すようにはがれてくること）などが生じます（図3・9）。

凍害は、鉄筋と関係なくコンクリート自体が劣化する現象です。それにより生じたひび割れや剥離により、内部の鉄筋に酸や水分が浸入しやすくなり、中性化や塩害が促進される原因になります。

③化学的侵食
❖症状

コンクリートは、砂（細骨材）と砂利（粗骨材）をセメントペーストというセメントと水でできる接着剤で固めた混合物です。この混合物が構造物に利用できる材料として存在し続けるためには、セメントペーストが接着剤としてきちんと作用することが重要です。このセメントペーストは強アルカリ性の物質で、コンクリートを造る際に混入されるセメントと水との反応により生じるセメント水和物のことです。

化学的侵食はこのセメント水和物が周辺に存在する化学物質と反応して溶けたり、変化したりすることによって、コンクリートが１つの集合体としての結束を保てなくなる現象です。

この現象が発生したコンクリートでは表面の組織

図3・8 凍害による劣化

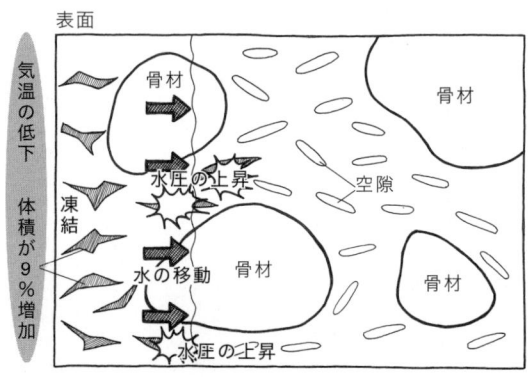

図3・9 凍害における骨材の膨張によるひび割れ発生のしくみ

から順番に失われていくことが多いので、コンクリート表面が製造当初の滑らかな面ではなく、砂や砂利の粒が浮き出ているような凸凹の面となって現れるのが特徴です。

❖ **劣化のしくみ**

化学的侵食は、セメント硬化体（水和物）が無機および有機の酸類やある種の塩類および油類などの物質との化学作用により侵食されることです。劣化の要因は、酸性物質や硫酸イオンであり、強アルカリ性のコンクリートが中和されていく現象としては後述の中性化と同様です。

これは大きく2つに分けられ、1つは大多数の酸、無機塩類、硫化水素や亜硫酸ガスなどの腐食性ガスが、コンクリート中のセメント水和物と化学反応を起こし、水和物を可溶性の物質に変えることによりコンクリートに断面減少を生じさせるものです。

2つ目は、各種硫酸塩がコンクリート中のセメント水和物と反応して膨張性の化合物をつくり、その膨張圧によってコンクリートを劣化させるものです。

これらの現象は、下水道関連施設や化学工場、温泉地、酸性河川、酸性・硫酸塩土壌などにある構造物、水処理施設や水利施設などで発生しています（図3・10）。

化学的侵食も、コンクリート自体が劣化していく現象で、それを原因として、内部の鋼材の劣化へと進展していきます。

④ **すりへり**

❖ **症状**

すりへりとはコンクリートを使用した構造物を利用した際に、車両の車輪（タイヤ）とコンクリート舗装との間の摩擦、表面を流れる水流などとコンクリートとの間の摩擦により、コンクリート表面を構成する物質が削り取られてしまう現象です。

---

episode ♣ 劣化でできたコンクリートアーチ!?

コンクリートって本当に不思議な生きもののようです。

写真は、コンクリート工場製品であるブロックが膨張して生じた現象です。これは本書3②でも説明された化学的侵食のうち硫酸塩類による劣化事例とされるものです。この現象は1970年代頃からヨーロッパを中心とした海外で報告されており、縁石ブロックやまくら木などの工場製品に見られました。養生温度をコントロールしている日本国内では近年一部にその可能性が指摘されるものの、報告はほとんどありません。

これは専門用語では、コンクリートの硬化後の二次的なエトリンガイトの遅延生成（DEF：Delayed Ettringite Formation）と呼ばれます。何が原因なのでしょうか。通常、コンクリート中でセメントの水和反応により生成するエトリンガイトは安定していますが、高温、高アルカリ環境では分解して他の水和物が生成しやすくなり、さらに常温に戻ると再びエトリンガイトが生成して膨張性を示すことが原因と考えられています。つまりコンクリート工場で製造される時の養生が約70～90℃以上と高温であること、およびその後の湿潤環境への暴露によるようです。アルカリシリカ反応が同時に発生するケースもあり、原因究明が困難になる場合もあるようです。対策としては、養生温度の制御と水分移動の少ない緻密な製品とすることが挙げられます。

コンクリートの劣化の不思議さとそのパワーの大きさを感じませんか。

劣化でできたコンクリートアーチ（出典：『コンクリート工学』Vol.43、No.12、pp.32-38、2005）

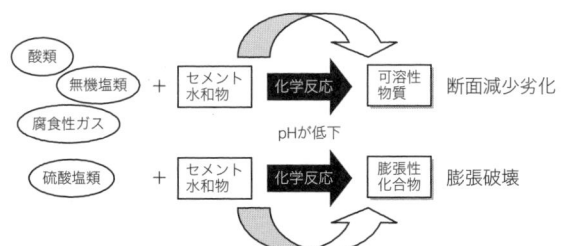

図3・10　化学的侵食による劣化のしくみ

すりへりを受けた構造物には、モルタルの欠損による粗骨材の露出、さらには粗骨材の脱落、鋼材の露出や腐食、鋼材やコンクリートの断面欠損が発生します（図3・11）。

❖劣化のしくみ

劣化の要因は磨耗であり、すりへりにおいてもコンクリート自体が損傷していきます。

化学的侵食との違いで考えると、化学的侵食はコンクリートを内から壊すという傾向をもつのに対し、「すりへり」はひたすら外から力を加え続け、コンクリートの組織を無理やり削り取るという傾向があるといえます（図3・12）。

すりへりを受けやすい構造物には、舗装、床の他、水流の圧力による損傷も多く、水中の橋脚、港湾構造物、海岸構造物、ダムや水路などがあります。

特に、ダムの放水路などで確認される現象に、岩石が混じった水流の作用を受ける場合があります。これは水流による摩擦だけでなく、流れのなかに混じっている岩石の衝撃力が大きなダメージをコンクリートに与えるため、極めて短い期間のうちに構造物が使用不可能な状態に陥る可能性があります。

2 鉄筋の異常

①塩害

❖症状

鉄筋に起因する異常現象のほとんどは鉄筋に発生する**腐食**によるものです。（図3・13）。塩害は、コンクリートの表面に塩化物（塩化ナトリウムや塩化カルシウムなど）が付着し、コンクリート内部へと浸入・拡散して内部の鉄筋を腐食させます。

この腐食生成物、いわゆる「さび」は構造に働く力を支える能力をまったくといっていいほどもたないので、鉄筋の表面の鉄が腐食すると、力を支える鉄筋が減ってしまったのと同じ状況に陥ります。構造物の管理をする立場にある時にはじゅうぶんに注意しなければならない現象です。また、この腐食現象に伴って発生する変状としては、鉄筋周囲のコンクリートが割れてしまうという現象があります。これは鉄筋中の鋼が酸化してできるさびの体積が鋼の数倍に膨らむことから、鉄筋に占有されていた部位の体積が膨張することにより、鉄筋の周辺にあるコンクリートに引張力が発生し、コンクリートにひび割れが発生してしまい、さらにはコンクリートの剥

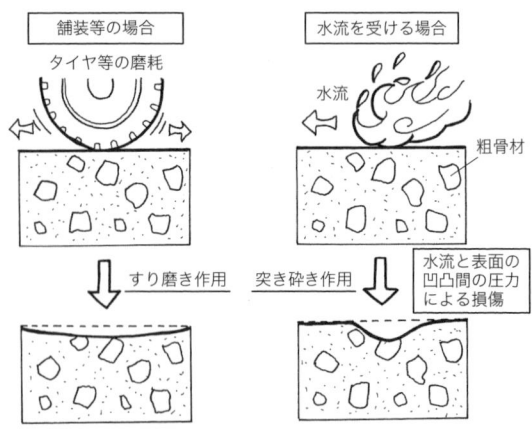

図3・11 すりへりによる劣化のしくみ

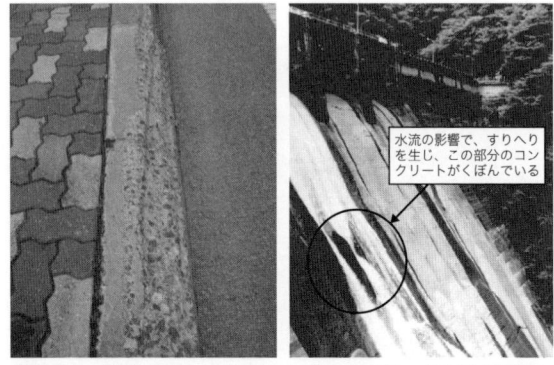

図3・12 舗装のすりへり（左）とダムのすりへり（右）（左撮影：河野広隆、右図出典：『コンクリート構造物の劣化事例写真集』㈳日本コンクリート工学協会）

図3・13 鉄筋の腐食

離・剥落につながるものです（図3·14）。

塩害においては、劣化の速度が速いことが特徴で、特に日本各地の海岸線の構造物に甚大な被害をもたらしています。また、**凍結防止剤**として塩化ナトリウムなどが散布される山間部の構造物でも、同様の塩害の被害が発生しています。

❖ 劣化のしくみ

塩害の場合の鉄筋の腐食現象では、鉄筋の表面に位置する鋼材料が酸化反応を起こし、建設材料として適切な性能をもつ鋼から酸化鉄などで構成されるさびに変化し、コンクリートにひび割れを発生させます（図3·15）。劣化因子は塩化物イオンであり、鉄筋を保護していた**不動態皮膜**（アルカリ環境下で鋼材表面に形成される薄い酸化皮膜）がコンクリート中に浸入してきた塩化物イオンにより破壊されることが、鉄筋の腐食のきっかけになります。

② 中性化

❖ 症状

中性化とは大気中の酸がコンクリート中に含まれるアルカリ成分と反応してコンクリートがアルカリ性から中性へと変化し、コンクリート内部の鉄筋を腐食させます。

この現象の特徴に、表面に変状が発生するまでは、外観から劣化が「進行している」ことをなかなか見抜けないことがあります。表面にひび割れなどの変状が生じた時点では、既に内部の鉄筋にはかなりの変化が起きています。

大気中には多くの酸性物質が存在します。そのなかでも二酸化炭素（炭酸ガス、CO_2）やNO_x、SO_xと呼ばれる酸性ガスは、雨水や大気中の水（H_2O）と一緒になることにより炭酸や硝酸、硫酸などの酸になりコンクリート内部へ浸入します。鉄筋コンクリートで構成された構造にこの現象が発生すると、鉄筋が腐食するため、極めて重要な問題の1つです。

鉄筋が腐食すると、さびによる膨張が生じ、コンクリートにひび割れの発生、**かぶり**（鋼材表面とその外側のコンクリート表面との最短距離のこと）部分コンクリートの剥落、耐荷力の低下などが起こり、構造物の性能が低下することになります。

❖ 劣化のしくみ

中性化そのものにより、コンクリート自体がボロボロになるわけではありませんが、コンクリート中の鉄筋が腐食しやすい状態になります。高アルカリ

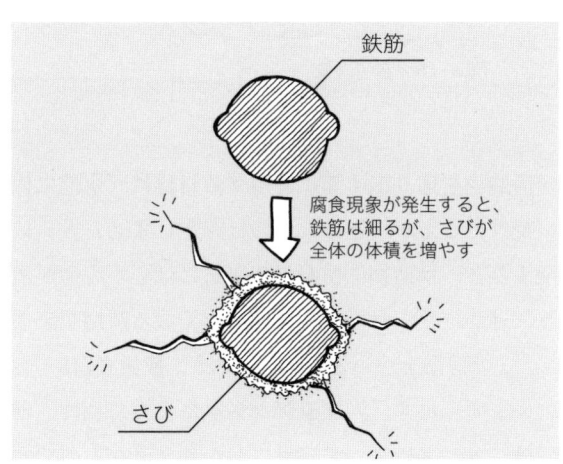

図3·14　鉄筋の腐食に伴うコンクリートの破損（ひび割れ）

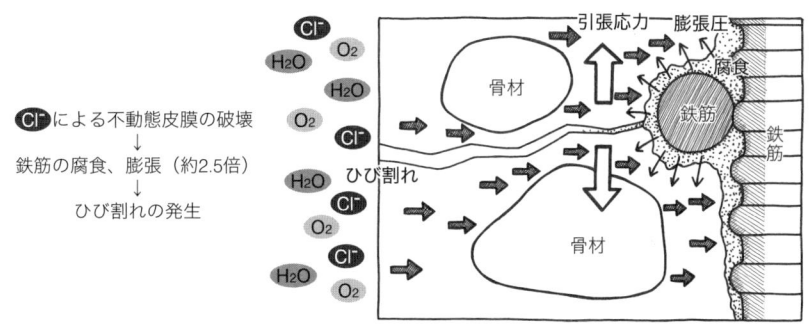

図3·15　塩害におけるひび割れの発生のしくみ

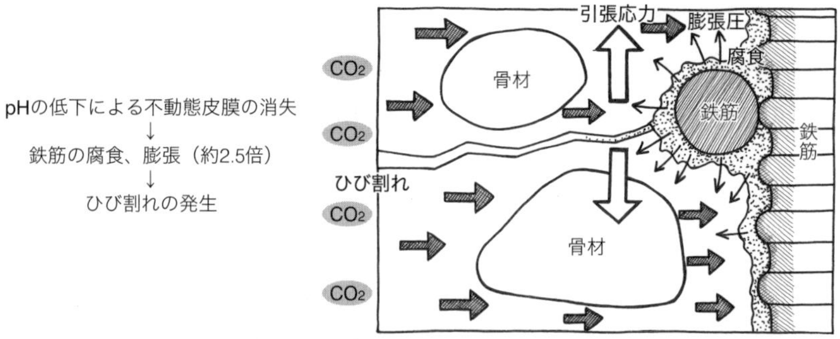

図3・16　中性化におけるひび割れの発生のしくみ

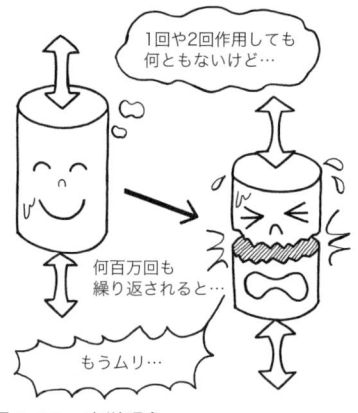

図3・17　疲労現象によるひび割れ例（出典：『橋梁点検・補修の手引き』㈶道路保全技術センター、2003、p.31）　コンクリート床版におけるこのようなひび割れは典型的な疲労ひび割れです

図3・18　疲労現象

環境下では、鉄筋表面には不動態皮膜という保護膜が存在し、鉄筋を保護していますが、中性化によりその膜が消失し、酸素と水分の供給により腐食が進行します（図3・16）。

劣化因子はCO_2などの酸性ガスであり、その浸透によりコンクリートのpHが低下していき、鉄筋表面に存在していた不動態皮膜が消失することが鉄筋腐食のきっかけになります。

3 疲労

❖症状

この現象は、設計に際して「この程度の力はかかるだろう（例：この程度の車や人は通るだろう）」と考えていた力が何百万回と繰り返して作用しているうちに構造物中にひび割れ損傷が発生し（図3・17）、最終的に構造物が壊れてしまう現象です（図3・18）。

❖劣化のしくみ

構造物を造り出す際に使用する材料に「永遠に使い続けることができる」ものは存在しません。いい換えると、構造物に使われる素材には必ず寿命があり、遅かれ早かれいずれは使えなくなる時期が来ます。この寿命を決める要因の1つが、**疲労**（疲れともいいます）です。人が過剰な労働によって疲れ、日頃のストレスによって病気にかかるようなものです。

例えば、過積載車両（想定よりも重い車両）の走行や、雨水の浸透や床版厚さの不足などによっても、構造物が疲労し破壊に至ることがあります。特に、梁部材においては、荷重の繰り返しにより引張鋼材にき裂が生じて、破断に至るケースがあります。

場合によっては人命の損失を伴うような事故につながることもあるため、構造物を長い間使いつづける場合にはじゅうぶんに注意しなければならない現象です。

4 建設時の失敗による異常

コンクリートを使って構造物を造り上げる場合、多くの場合では構造物を造ろうとする場所にコンクリートを流し込むための型枠を設置し、そのなかに補強用の鉄筋を配置してからコンクリートを流し込みます（打込みといいます）。その後、コンクリートの硬化反応（水和反応）を無理なく進めるために散水などの養生を行い、既定の日数が経過したら型枠を外します。この一般的な製造の過程において、製造のための作業が適切でなかったなどの理由でコンクリートに欠陥が生じる場合があります。ここではその欠陥となる現象の代表例について紹介します。

①豆板・空洞

❖症状

塊であるべきコンクリートに空隙が生まれます。壁面に発生する空隙（豆板）や、内部に形成される空隙（空洞）があります。

❖発生のしくみ

コンクリートを打ち込む際に、コンクリートの充填をしっかり行うための締固め作業（打ち込んだコンクリートを振動させたり、突いたりして空隙を少なくし、密実にすること）が不足すると、コンクリートの密な塊があるべき箇所に「豆板」と呼ばれる、空隙からなる不良部分（モルタルのまわりが悪いため、粗骨材が多く集まり、空隙が生まれる）が生じることがあります。この現象が起こった部位の外観は、図3・19のように構造の壁面に不規則な孔があいたような形状を示します。

このように外から見える豆板以外に、構造の内部にコンクリートそのものが詰まっていない部分が形成されてしまう状況を「空洞」と呼びます。これらの欠陥は構造物自体の力学的な性能に悪影響を与える恐れがあるばかりでなく、コンクリート構造物を長期に亘って利用できなくなる可能性が高く、製造時にはこのような欠陥が出ないように丁寧な作業を行うことが重要です。

②コールドジョイント

❖症状

コールドジョイントとは、コンクリートで大きな構造物を造ろうとする際、輸送やプラントの製造能力など種々の要因により複数回に分けてコンクリートを打ち込む時に継ぎ目が生じる欠陥です（図3・20）。

❖発生のしくみ

コールドジョイントが発生した構造物では、構造物に使用しているコンクリートが分離していて、一体として機能しない可能性が生じます。このような挙動は構造物の計画・設計時にはまったく想定していないものですので、安全性に大きな問題が生じるかもしれません。通常、複数回に分けてコンクリートを打ち込まなければならない場合には、既に打ち込んだコンクリートの表面をウォータージェットなどで洗い、コンクリート表面に浮き出して付着して

図3・19　豆板

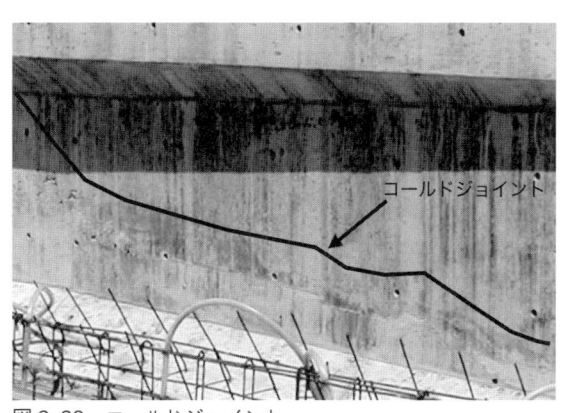

図3・20　コールドジョイント

いるレイタンスという微粒分の層を除去し、新しく打ち込まれるコンクリートと結合しやすい面を露出させてからコンクリートの打ち込みを行います。これを打継ぎ目の施工といいます。

③収縮ひび割れ

♣症状

コンクリートは型枠のなかに打ち込んでから養生を経て利用できる状態になるまでの間に収縮してしまう傾向をもっています。この収縮が原因となってコンクリート自体が割れてしまい、ひび割れが生じる現象を**収縮ひび割れ**と呼びます。

♣発生のしくみ

この時に発生するひび割れの特徴は「打ち込んだコンクリートが硬いものに接している部位があると発生しやすい」というものです。図3・21に見られるように、コンクリートは動いていないのですが、実際にはその「動けない（＝縮めない）」という状況からコンクリート内部に引張られている時と同じ力が発生し、コンクリートが割れてしまうのです。

コンクリートを打ち込んだ後に発生するひび割れには乾燥収縮ひび割れや自己収縮ひび割れと呼ばれるものがあります。その他、打ち込み直後に発生す

> **episode ♣ コンクリートのひび割れを見分ける**
>
> コンクリートのひび割れは実にさまざまな要因で発生します。実際の構造物を点検する時にはそれぞれのひび割れの特徴から「何が起こっているのか」を見出す必要が出てきます。この時に考える基本的な項目はひび割れの「形」です。具体的には、
>
> ①ひび割れの数
> ②長さと幅
> ③方向
> ④析出物
>
> というところが形を分類するための項目となってきます。このままではわかりづらいでしょうから具体例を図に示します。一般的には下の4つの図のようなひび割れが道路橋の床版（床板）の下面に見つかった時には損傷の主因を「疲労」と判断します。
>
> また、疲労によるひび割れと収縮などによるひび割れが混ざっている時にはひび割れに手をあててみましょう。何か「もぞもぞ」しているような感じがするひび割れは疲労による損傷と見なすことができますが、触っても「あるかどうかわからない」というひび割れは収縮で発生し、その後成長していないひび割れと見なすことができますので、疲労によるひび割れとは分けて考えましょう。
>
>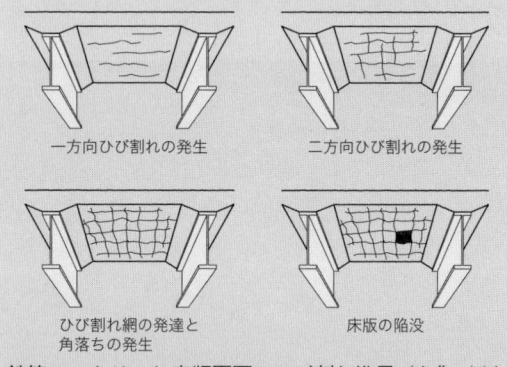
>
> 鉄筋コンクリート床版下面のひび割れ進展（出典：㈳土木学会メインテナンス工学連合小委員会『社会基盤メインテナンス工学』東京大学出版会、2004、p.58）

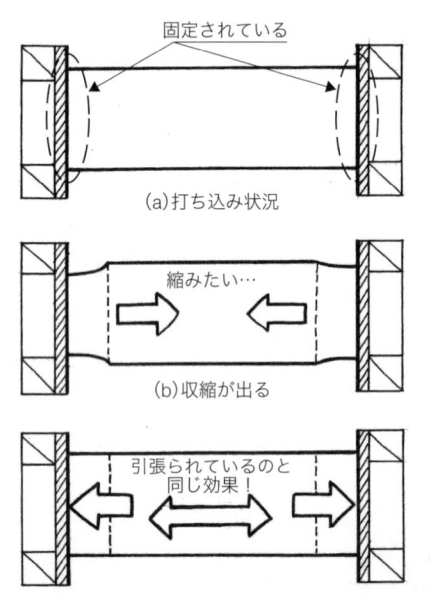

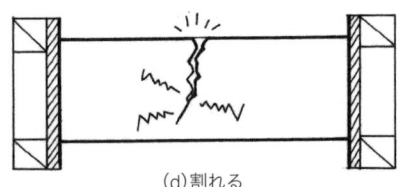

図3・21　収縮ひび割れのしくみ

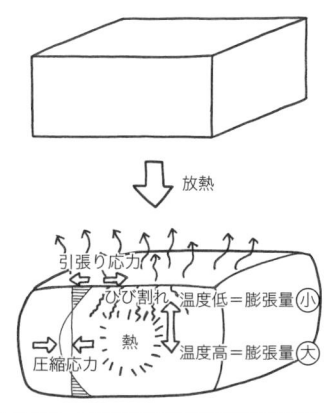

図3·22　内部拘束型の温度ひび割れ 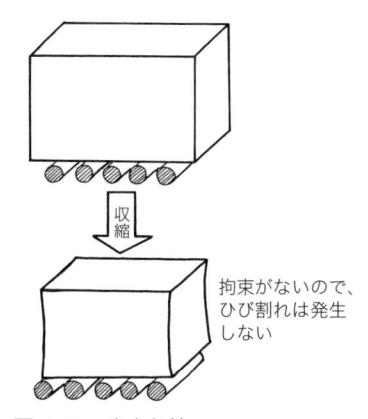　　図3·23　自由収縮 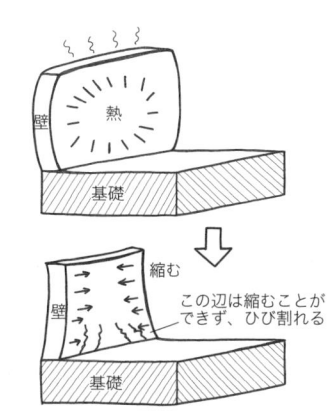　　図3·24　外部拘束型の温度ひび割れ

るものとして、コンクリートの温度変化に関係する温度ひび割れや施工中の材料分離による沈下ひび割れなどもあります。

④温度ひび割れ

❖**症状**

温度ひび割れとは、一般にマスコンクリートと呼ばれる寸法の大きい部材に発生するひび割れのことです。原因は、セメントの水和反応により発生する反応熱（水和熱）とそれにより発生する応力です。温度ひび割れには、内部拘束型と外部拘束型の2種類があり、いずれも拘束により応力が発生し、それがコンクリートの引張強度を超えることでひび割れが発生します。

❖**発生のしくみ**

内部拘束型の温度ひび割れは、以下のようにして発生します。コンクリートの打設後、内部の温度が水和熱により上昇していきますが、表面は外気温により徐々に冷やされていきます。そこで、内部と表面に温度差が生じ、膨張量に差異が発生することにより、内部では圧縮応力が、表面では引張応力が生じ、ひび割れが発生します（図3·22）。

外部拘束型の温度ひび割れは、地盤や岩盤、基礎コンクリートや柱などに接しているコンクリートで多く発生します。水和熱により上昇したコンクリートの温度も外気温により徐々に下がっていき、膨張していた部材は温度の降下とともに収縮していきます。この時、収縮変形を妨げるものがなければ自由に収縮できますが（図3·23）、基礎や柱などがあると変形が拘束されてしまいます（図3·24）。その拘束により引張応力が生じ、ひび割れが発生することになるのです。

いずれも、コンクリートを打ち込んだ後の型枠を外す段階で既に発生しているケースが多く見られます。

2　鋼構造物の劣化の症状としくみ

1　鋼構造物の構成

①部品の接合

鋼構造物は製鉄所で生産された鋼板を所定の大きさに切断したものを、溶接やボルト、リベットなどにより接合して造り上げられた構造物です。昔は鋼の製造技術や溶接技術がじゅうぶんに発展していなかったことから、リベットといわれる留め具により接合されていました（図3·25）。近年の鋼構造物ではリベットに代わって、構造物のパーツを工場で溶接により組み立てておいて、そのブロックを高力ボルトにより接合するという形式が主流となっています（図3·26）。これ以外にもすべての接合部を溶接により接合するという案も検討されていますが、構造物を設置する現場での溶接は品質の確保が難しい

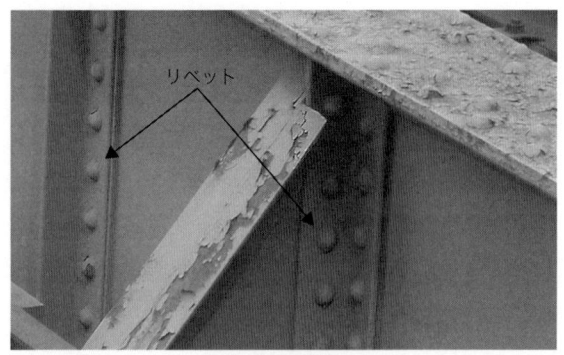

図3・25　リベット（撮影：河野広隆）

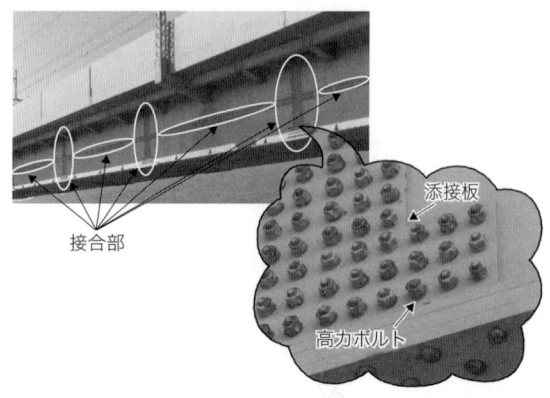

図3・26　高力ボルト接合

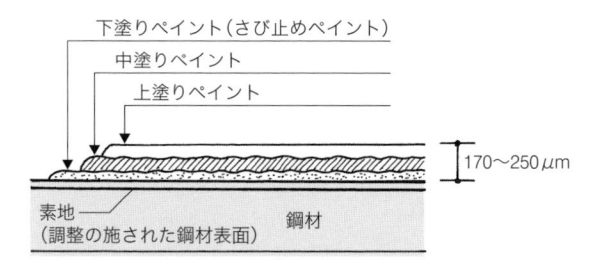

図3・27　塗装の構成

という課題が残っているため、当面は溶接と高力ボルトによる接合を併用した形式が用いられる見通しです。

②表面の保護

鋼構造物では構造を構成するのに鋼板を用いますが、鋼板はそのままで利用するとすぐに表面から腐食が進行し、さびが出てしまいます。そこで、土木構造物に適用する時には少しでも長持ちするようにその表面に塗装を施したり、亜鉛（ジンク）やアルミニウムなどのメッキを施したりします。

塗装とメッキの主な違いは、その施工方法と使用する材料にあります。塗装ははけやスプレーにより構造物の表面に材料となる樹脂などを塗り付けて、塗膜を塗装材の接着力で金属に付着させます。メッキは電解槽と呼ばれる大きな水槽に構造物の部品を沈め、そのなかで電気化学反応により部材の表面と亜鉛やアルミニウムなどの金属材料を一体化させます。

❖塗装

塗装は古くからある技法で、現在でも鋼構造における防食加工（腐食を未然に防止するための加工）の主流となる技法です。現在、鋼構造に用いられている塗装は鋼材の表面に1度塗ったら終わりというものではなく、最初の素地調整（鋼材の表面をきれいにすること）から最後の仕上げ塗装まで数種類の工程を経るのが一般的です。現在の塗装の構成の代表的な例を図3・27に示します。

基本的に現在の塗装は、鋼材の素地調整を行ってから塗装の下塗りであるさび止めペイントを塗布します。このさび止めペイントには鉛系さび止めペイントや亜鉛系のジンクリッチペイントと呼ばれるものが多く使われています。これらの塗料はなかに鉛や亜鉛を入れておくことにより、鋼材の腐食反応を防ぐ役割を担っています。

下塗り塗料の上には「中塗り」と呼ばれる層を入れます。この層は塗装の厚さを稼ぎ、物理的に腐食を促進する要素の浸入を阻止することを目的として設置される層です。さらにその上に仕上げの塗装である上塗りと呼ばれる層が設置されます。この層は塗装材料の代表的な成分である高分子材料（ポリマー）にとって最も危険な劣化因子の1つである太陽光中の紫外線による影響を軽減する役割があります。

現在使用されている塗装は、中塗りや上塗りにどのような高分子材料が用いられているかによって呼び方が変わります。現行の塗装で使用量が多いのは、長油性フタル酸樹脂、エポキシ樹脂、変性エポキシ

樹脂（エポキシ樹脂を改良したもの）、ウレタン樹脂、フッ素樹脂などです。現行の塗装の仕様では全部の層を集めた厚さを170～250μm程度にするのが一般的ですが、鋼構造物が設置される環境や設置条件によってはより厚く塗装を施すこともあります。

❖**メッキ**

塗装に対し**メッキ**では溶融亜鉛メッキと呼ばれる手法が代表的です。現在の規格では500～600g/m^{2}以上の亜鉛を鋼材の表面につけるように求められています。

これらの防食加工の考え方における違いを見てみると、塗装は「鋼材から腐食を引き起こす物質を遠ざける（遮断する）ことにより鋼材に腐食を起こさせない」という考えに基づいて開発されています。これに対し、亜鉛メッキでは亜鉛が鋼材の主な材料となる鉄よりもイオン化傾向が強くなっていることを利用し、「腐食が起きても先にイオン化傾向の強い亜鉛が反応してしまい、鋼材では腐食反応を起こさせない」とする考えに基づいています。この考え方は**犠牲陽極**（＝鋼材の代わりに自分が溶けることによって鋼材を守る）を利用した**防食**と呼ばれ、アルミニウムで鋼材をメッキした時にも同じ効果が期待できます。

また、メッキに似た手法として**溶射**と呼ばれる、溶けた金属を直接鋼材の表面に吹き付けて皮膜を形成しメッキにおける亜鉛と同じような働きをさせようとする技術も開発されています。

❖**耐候性鋼材**

基本的には現在の鋼構造では腐食に対する抑止はこれらの防食加工によっていますので、鋼構造に発生する劣化損傷を考える時には塗装の劣化も含めて取り扱うことがほとんどです。ただし、近年では塗装がいらない鋼材として**耐候性鋼材**というものが普及しだしており、今後は適用例が多くなるものと期待されています。この耐候性鋼材は鋼材の表面は腐食するものの、腐食により発生するさびが緻密な保護層（安定さび）を形成し、腐食を促進する因子を鋼材から遮断します。この鋼材におけるさびの見本を図3・28に示します。

*

本節では、一般的な事例として圧倒的に施工件数が多い鋼構造物に塗装が施された場合について紹介することにします。

塗装を施された鋼構造物の場合、その劣化現象は次のように分類することができます。

①構造物の表面に施されている塗装に発生する劣化

②鋼構造物の構造自体に発生する劣化

以下では、この分類に従って劣化現象を紹介することにしましょう。

2 塗装に発生する劣化とそのしくみ

ここでは鋼構造物の表面に施される塗装の劣化とそれに伴って発生・進行する鋼部材の腐食損傷について紹介します。

塗装に発生する劣化には次のようなものがあります。

①変色・退色

❖**症状**

変色・退色とは塗装に使用された塗料の色彩・彩度・色相や塗料自体の光沢に変化が生じることによりもたらされるものです。この現象が確認できると、

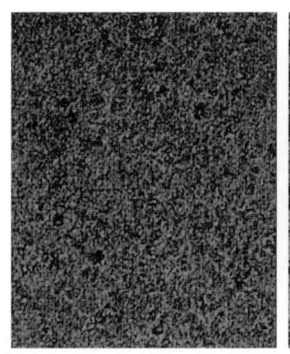

緻密な（良い）さびによる保護層　　粗い（悪い）さび

図3・28　耐候性鋼材表面のさび（出典：『鋼道路橋塗装・防食便覧』㈳日本道路協会、2005、p.Ⅲ-50）

同時に塗装の表面に白色の粉体が生じる**白亜化**(はくあか)と呼ばれる現象が認められる場合がほとんどです。

❖ 劣化のしくみ

鋼構造物に施される塗装は高分子材料で構成されています(図3・29)。この高分子は分子量が1万以上のきわめて大きなものです。これらの高分子材料が鋼材の表面に塗られると、その場でお互いに結合しあい、あたかも網目のような構造を構成します(架橋反応)。この反応を経て形づくられた強固な構造により塗装は鋼構造を保護しているのです。

しかし、この架橋構造は紫外線によって結合が破壊されることがわかっており、その結果として一部が脱落したり、分離することによって塗装の表面に白い粉が発生します。この現象を「**白亜化**」(「**チョーキング**」)と呼びます。前述のとおり、白亜化によって塗装の色彩や彩度などがあたかも変化したように見える現象を変色や退色と呼び、塗装における重要な劣化現象として位置付けられています。

しかし、現状においてはこの変色や退色が発生しても塗装の保護性能には大きな変化が表れていないこともありますので、この現象が発生したことを理由として塗装の塗り替えまで行う必要はないと判断される傾向があります。

②膨れ

❖ 症状

膨れとは塗装の一部が膨れ上がる現象です。この現象の特徴としては、塗装が膨れ上がっているにもかかわらず塗装の表面には傷などが認められないことがあります。特に湿度が高い環境において発生する可能性が高まる傾向にある劣化現象です。

❖ 劣化のしくみ

膨れのしくみは、塗装をする際に塗装膜のなかに取り残された水分や溶剤の成分が原因となって塗装の外となかの間で浸透圧が発生し、塗装内に水分が招き入れられ、一部に蓄積されてしまうと考えられています。通常、浸透圧による水分の浸入のみによる膨れの形状はきれいな球面を呈しますが、膨れの形状がきれいな球面ではない場合には浮き上がった塗装の下に腐食損傷が隠れている場合(図3・30)があるので注意が必要です。

③割れ

❖ 症状

割れとは、文字通り塗装にき裂が生じて割れてしまう現象です。

❖ 劣化のしくみ

この現象は鋼構造のなかでも部材形状が複雑な接合部の溶接位置やボルトの頭、または鋼板の端部において発生する傾向があります。しかし割れの発生・進展のしくみを解明するための研究が進んでいないため、具体的なメカニズムは説明できません。

ただし、この現象が発生しやすい部分は塗装の厚さを確保するのが難しい鋼板の端や角の部分であることがわかっていますので、現在はこの部分の鋼材の形状を変化させて、この部分の塗装をできるだけ厚くし、割れを防止する研究が行われています。

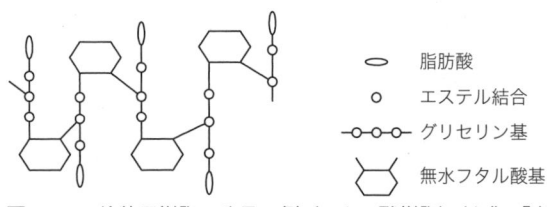

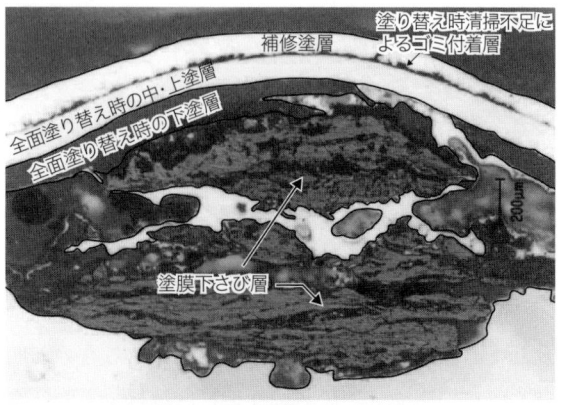

図3・29 塗装用樹脂の分子の例(フタル酸樹脂)(出典:『腐食防食ハンドブック』(CD版) V-4-11)

- 脂肪酸
○ エステル結合
―○― グリセリン基
⬡ 無水フタル酸基

図3・30 塗膜下腐食の例(断面)(出典:『腐食防食ハンドブック』(CD版) Ⅶ-4-21)

④はがれ

❖症状

はがれとは塗装の一部が構造物から脱落してしまう現象を指しています（図3・31）。この現象は塗装後、時間の経過によって劣化が進行するのに伴い発生する可能性が高まりますが、特に決まった部位で発生するものではありません。割れとは異なり、桁のウェブやフランジに見られるような平滑な面においても発生します。軽微なはがれでは下塗りが鋼部材の表面に残ることがありますが、深刻なはがれになると鋼部材の表面に密着しているはずの下塗り塗料からはがれてしまうことがあります。

❖劣化のしくみ

はがれとは、塗装と塗装もしくは塗装と鋼材の間の接着する力が失われた結果、塗装が鋼材の表面からはがれ落ちてしまう現象です。原因としては、次のような事柄が想定されます。

①素地調整の不良

素地調整とは構造物に塗装する前に塗料を塗る面に対して行う清掃のことです。鋼構造物では基本的に鋼材表面にある塵埃や酸化物などの付着物をさまざまな器具で除去し、金属光沢をもった面を露出させてやる必要があります。この時、清掃が不じゅうぶんで、表面に酸化物や塗料に含まれるシンナーなどの有機溶剤が残っている状態で塗装を行ってしまうと、塗装と鋼材の間で酸化物を起点とした腐食が進展したり、有機溶剤によって発生する浸透圧により鋼材と塗装の間に水が浸入したりします。このような現象は早期の段階では塗装の膨れとして現れますが、そのまま放置しておくとその膨れが面積を拡大して大きな面状の変化となり、何らかの外力の作用に耐えられなくなった時点で塗装のはがれにつながります。

②塗装の層間付着の不足

鋼構造物に施される塗装は、主として図3・27のような積層構造をもっています。このような構造で塗料を塗る場合、1つの層を塗った後には一定の時間間隔をとって塗料を乾燥させてからその上の塗料を塗る必要があります。この時に下の層がきちんと乾いていなかったり、天気の関係で下の層の塗料の表面に露が付いてしまっていたりする状態で上の層の塗料を塗ってしまうと、上下の塗料の間にある余計な有機溶剤や水の影響でじゅうぶんな接着を行うことができず、塗料が下の面から浮いてしまいます。このような状態は上下の塗料の間に膨れができているのと同じような力学状態ですので、①の場合と同じように小さな外力の作用で簡単に塗料がはがれおちてしまいます。

3 鋼材に発生する劣化とそのしくみ

鋼構造に使用されている鋼材に発生する劣化損傷としては構造物の使用中に作用する外力に起因するものが多くなります。損傷の分類としては構造物の鋼板を使用している部分に発生する損傷と部材同士を連結する継ぎ手と呼ばれる部分に発生する損傷に大別することができます。ここではそれらの損傷についてその概略を紹介します。

①き裂

❖症状

き裂とは鋼構造物において構造部材を構成する鋼板が引き裂かれてしまうという損傷を指します。このき裂は構造物の種類ごとに発生する部位が偏在する傾向にあるので、点検データの蓄積によりき裂がおきやすいおよその位置を把握できることがわかっ

図3・31　塗装のはがれ（撮影：河野広隆）

ています。橋梁で多く発見されるき裂の例を図3・32に示します。このようなき裂には1回の外力の作用で鋼板が大きく裂けてしまうもの（これは次項の破断(はだん)に分類されます。）と、時間をかけて何万回もの外力の作用を繰り返し受けることにより徐々に裂けていくものとがあります。

❖ **劣化のしくみ**
①疲労によるき裂

疲労によるき裂は外力を受ける鋼構造物にとって最も多い損傷の1つです。この損傷は一般に鋼板を溶接により組み立てた構造物に多く、その発生部位は溶接線と呼ばれる、溶接によるつなぎ目の部分に近い位置に発生することがわかっています。

この疲労は、部材全体としては荷重が過大ではない状態で使用したのにもかかわらず溶接部における応力集中により発生するところに特徴があります。このような状況では安心して鋼構造物を利用できないことから、図3・33に示されるような小さな試験体を使って繰り返し外力を作用させ、疲労現象を再現する試験が数多く実施され、データの蓄積が進んでいます。その結果、疲労によるき裂は溶接した部分の形状（継手形式）や仕上げ方などにより出現する時期が異なることがわかってきています。現在では溶接部とその近傍に発生する応力を実験などにより計測し、これまでのデータの蓄積から求められている設計疲労曲線（図3・34）を利用して、ある程度の寿命を推定することが可能になってきています。

疲労による損傷の発生原因は、鋼構造物の局所的な形状の変化が原因となって発生する「応力集中」という現象であることがわかっています。複雑な形状をしている部分に多く確認される現象で、溶接部など特定の部位にはそのほかの部分と比較して数倍の応力が発生することがわかっています。

②異常荷重によるき裂

ここでいう異常荷重とは「非日常的な」大きさをもった外力のことをいい、地震や台風などの天災や想定以上の荷物を積んだトラックの通行などがこれにあたります。このような外力の作用はある程度設計時に考えられているものの、それでも限度を超えれば構造物を構成する鋼板が裂けてしまいます。

②破断

❖ **症状**

部材の**破断**とは、先に述べた疲労や異常荷重によるき裂が放置された結果、部材の断面すべてがき裂により分離されてしまう現象です。ただし、例えば橋梁の桁のように主要部材が大きい場合には、その

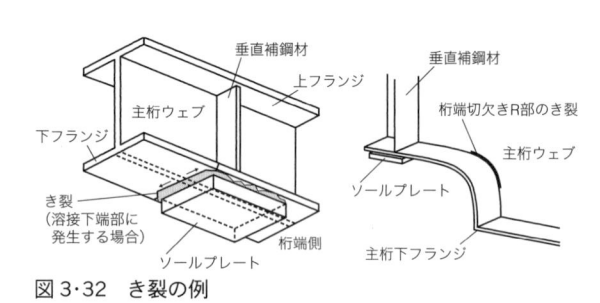

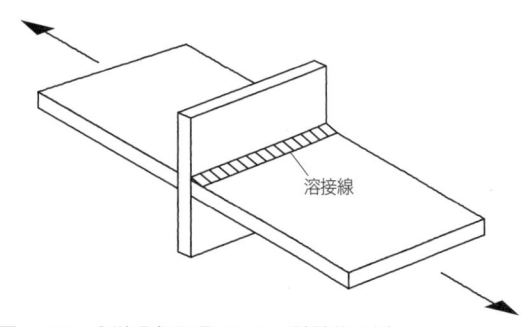

図3・32　き裂の例

図3・33　疲労現象再現のための試験体の例

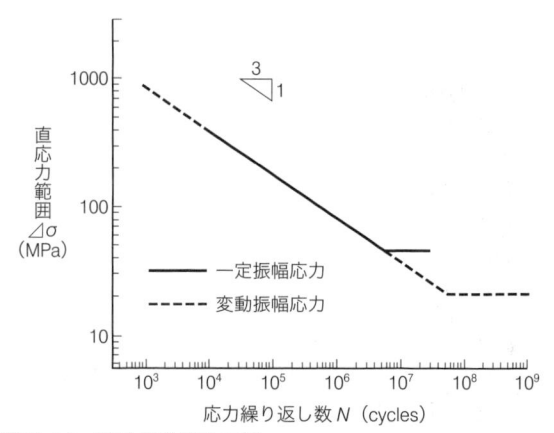

図3・34　設計疲労曲線の例

一部分においてき裂により完全に断面が切り離された状況を指すことがあります（例：主桁下フランジの破断など）。

破断が生じた場合には部材もしくはその一部の断面による力の伝達が不可能になるので、構造物はその機能を大きく損ないます。破断が生じた位置やその規模によっては構造物が使用不可能となります。

❖ 劣化のしくみ

この現象のしくみは、前提として疲労によるき裂が存在する場合、そのき裂の先端で応力集中現象が発生し、さらにき裂の先端が裂けてき裂を拡大するという一連の現象を繰り返した結果、部材そのものが切れてしまうというものになります。

異常荷重によるき裂が存在していた場合でも、そのあと放置していると疲労によるき裂が存在していたのと同じ過程を経て部材が切れてしまいます。

これ以外には、通常の使用状況では想定できないほどの大きさの荷重（地震による外力など）が働いた結果、部材が一瞬で切れてしまうことも想定されます。最近問題となっている部材の破断現象は、それ単独で発生するものではなく、部材の表面から腐食によるさびが発生し、徐々に断面を構成する鋼が削り取られた結果、設計ではじゅうぶんに耐えられることになっていたはずの外力に抵抗できず、切れてしまうというものです。このような現象を回避するためには、部材自体の能力を万全な状態に維持しておくために確実に塗装を施し、部材の腐食を防止することが重要になってきます。

③ゆるみ・脱落

❖ 症状

ゆるみや脱落とは、主に鋼構造物の部材同士や部材を構成するブロック同士を連結している高力ボルトを使った継手に認められる損傷です。この損傷では図3・35に見られるようにボルトそのものが脱落してしまったり、ボルトがゆるんでしまったりします。このような現象はボルトで連結している効果を低下させるため、構造物の設計通りの挙動を阻害する恐れが出てきてしまいます。また、点検用のはしご、通路や照明機器など、構造物に付属して設置されている部材が構造物の所定の位置から外れてしまうような現象も脱落として処理されます。

❖ 劣化のしくみ

ゆるみ・脱落の原因の多くは、使用されている高力ボルトがきちんと締め付けられていないために、繰り返し作用する外力による振動が原因となりゆるんでしまうものや、ボルトに使用されている鋼材が締め付け後、ある一定の期間（数年程度）が経過した後に、突然破断してしまう現象（遅れ破壊）により切れてしまうことによります。

このような現象はボルトの締め付けをしっかり行うことや、使用するボルトの種類を遅れ破壊の発生しにくいものに変更することで回避できます。

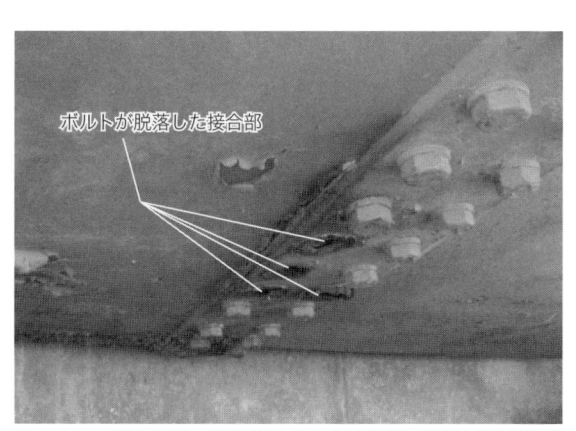

図3・35　脱落の例　接合部のボルトの脱落（撮影：河野広隆）

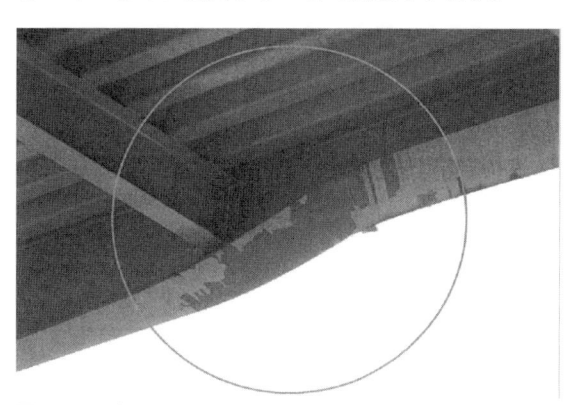

図3・36　変形の例　通行船舶の衝突によるものと思われる
（出典：『道路橋補修・補強事例集』㈳日本道路協会、2007、p.22）

図3·37 変形の例（高欄）（出典：『橋梁点検・補修の手引き』㈶道路保全技術センター、2003、p.44）

図3·38 支点部の損傷例（撮影：河野広隆）

④変形

❖症状

変形とは、構造物の供用中のある時期に構造物もしくはその部品が大きくその形を変えてしまう現象です（図3·36, 37）。部材の破断と異なり、過大な荷重が作用した際に部材が切れることなく変形してしまう現象を指します。多くの場合、その現象は一過性のもので、さらに症状が悪化することはありませんが、発生した部位が図3·36の場合のように桁の一部など構造物の主要な部材であった場合には構造物の性能に影響を及ぼしてしまうので、部材を元の形に戻してやる必要が発生します。

❖劣化のしくみ

このような現象が発生する原因には設計想定外の過大な外力の作用（地震の作用や車両などの衝突など）が考えられます。日常的に見られる部材の変形は車両や船舶が構造物に衝突した際に形成されるものがほとんどです。

⑤異常振動・異音

❖症状

異常振動や異音とは、鋼構造物において可動部や構造物の端部などから通常は聞こえるはずのない騒音や振動が発生してしまう現象です。例えば、大型トラックの走行時に橋桁の継手部から異音が発生することなどが挙げられます。このような現象が発生した場合、まずその継手部自体に異常が発生している可能性があります。また、発生している振動の種類によっては構造物の周辺住民に不快感を与える可能性もあります。

❖劣化のしくみ

異常振動・異音は構造物が設計時の想定と異なる動きをしている時や構造物に損傷が発生している場合に発生します。

例えば橋梁で異常振動が発生した場合、橋梁の支点部において支点の下のモルタルなどが破損してしまい（図3·38）、支点の浮きが発生することにより、通常では考えられないような振動が発生する事態が想定されます。また、接合部におけるボルトのゆるみが大量に発生した場合なども通常とは異なる揺れの発生原因として考えられます。

異音の原因としては、き裂面での摩擦による音の発生や構造物の可動部がさびてしまうことによる騒音の発生などが考えられますが、それ以外にも構造物や部材がお互いに衝突している場合などもありますので、どのような音が発生しているのかに注意して音の発生箇所を見出すことが原因を解明するうえで重要になってきます。

⑥腐食

❖症状

腐食という劣化は鋼構造の表面において塗装劣化

図3・39 ボルトの腐食損傷（出典：『橋梁点検・補修の手引き』㈶道路保全技術センター、2003、p.68）

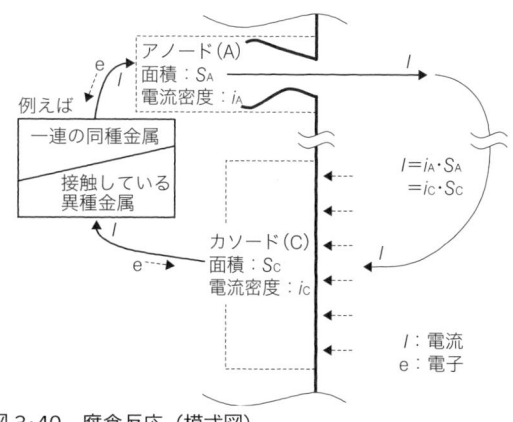

図3・40 腐食反応（模式図）

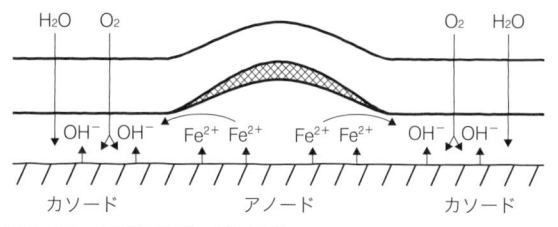

図3・41 塗膜下腐食（模式図）

に引き続いて発生する現象です。塗装の劣化した部位から発生することが多く、その多くは部材表面の形状が複雑な接合部のボルトの角や部材の角（板の端部）から発生する傾向にあります（図3・39）。

腐食には2つのタイプがあり、その発生形状から「全面腐食」と「局部腐食」と呼ばれます。全面腐食は鋼構造物の全面にわたって発生する腐食であり、発生する面積は大きくなりますが、部材の板厚方向への侵食速度は大きくならない傾向があります。このため、見かけと異なり損傷の程度が軽微な広く浅い症状ですんでいる場合もあります。

これに対し、局部腐食は狭く深い症状になりがちです。外部からの見た目では大きな広がりをもっていないものの、部材の板厚方向への侵食が著しく、場合によっては鋼板に孔があくこともあります。このような違いから、一般的な鋼構造物の維持管理においては全面腐食より局部腐食のほうが深刻で対応にも注意が必要です。

❖劣化のしくみ

鋼構造物における腐食は、使用されている鋼に含まれる鉄 Fe が電気化学反応により酸化鉄に変化することです。例えば、鉄が水の存在下において酸化鉄 Fe_3O_4 に変化する時には、次のような反応の組み合わせを想定できます。

（アノード反応／酸化反応）

$$Fe \rightarrow Fe^{2+} + 2e^- \tag{3.1}$$

（カソード反応／還元反応）

$$1/2 O_2 + H_2O + 2e^- \rightarrow 2OH^- \tag{3.2}$$

これらの反応をまとめると、

$$Fe + 1/2 O_2 + H_2O \rightarrow Fe^{2+} + 2OH^- \tag{3.3}$$

ここで出てくる**アノード**とは金属原子が酸化反応により溶け出す部位であり、電池における負極にあたります。それに対して**カソード**とは還元反応を起こしている部位であり、電池でいうところの正極にあたります。この時の反応のイメージを図で示すと図3・40のようになります。

腐食のなかでも塗装の裏（塗装膜と鋼材表面の間の隙間）で発生・進展する腐食のことを特に「塗膜下腐食」と呼び、その反応のしくみは図3・41のように示されますが、この反応でも基本は酸化還元反応として理解することができます。

鋼構造物に発生する腐食にはさまざまな形態が存在し、その様態や腐食の原因となるメカニズムによってさまざまに分類されています。土木構造物の維

表3・2 鋼構造物に発生する腐食

均一腐食 (uniform corrosion)	最も一般的な腐食。鋼材の表面が均一に溶解する現象。アノードとカソードが混在していることにより発生する
局部腐食 (localized corrosion)	金属表面の一部分だけが腐食により溶解する現象。孔があくように溶解する形態をとるものを孔食（pitting)、金属と金属の接触しているすき間に発生する侵食をすきま食(crevice corrosion)と呼ぶ（図3・42、43)
異種金属接触腐食 (galvanic corrosion)	イオン化傾向が異なるなど電気化学的な性質が異なる2つの金属が接触することにより電池を形成してしまい、アノードにあたる金属が溶けだしてしまう形式の腐食

図3・42 海洋構造物（橋梁、港湾施設、さん橋、石油プラットフォームなど）局部腐食の調査例（出典：『腐食防食ハンドブック』(CD版) Ⅶ-4-1)

図3・43 局部腐食の例

持管理において知っておくと良い腐食を次に示します（表3・2）。

このうち異種金属接触腐食の現象を、積極的に利用して鋼構造物の鋼材を守ろうとする保護法が、メッキ加工や電気防食法です。これらの方法では鋼材にあえて溶け出しやすい（化学では「鋼材より卑である」と表現します）金属をくっつけることにより、鋼材ではなく取り付けた金属を溶出させ、その反応が完了するまでの間は鋼材を保護しようと考えるものです。

これら以外の腐食では、金属表面に接している物質との摩擦が原因で発生してしまう現象である**エロージョン・コロージョン**（erosion corrosion）や、酸素の供給状態の違いにより同じ金属内でも電位に差ができてしまい電池をつくってしまう酸素濃淡電池による腐食、金属同士の接触、特にお互いにこすりあうような動きにより摩耗してしまう現象である**フレッティング・コロージョン**（fretting corrosion）などがあります。

参考文献
1) 『コンクリート工学』Vol.43、No.12、2005
2) 文献調査委員会「硫酸塩劣化事例－エトリンガイトの遅延生成（DEF）に関する研究－」『コンクリート工学』Vol.44、No.7、pp.44-51、2006
3) ㈳日本道路協会『鋼道路橋塗装・防食便覧』2005.12
4) ㈳日本道路協会『道路橋補修・補強事例集』(2007年版) 2007.7
5) ㈶道路保全技術センター『橋梁点検・補修の手引き』2003.7
6) ㈳土木学会関西支部『コンクリート構造の設計・施工・維持管理の基本』2009年度改訂版、2009
7) ㈳日本橋梁建設協会『デザインデータブック』2006
8) ㈳土木学会『コンクリート標準示方書［維持管理編］』2001、p.10
9) 『腐食防食ハンドブック』(CD版)

4章
構造物の点検の方法

メンテナンスの実践のなかでも、基本的な技術である点検・調査やモニタリングの方法を学びます。構造物の異常を発見したり、構造物の状態を監視することは、構造物を長寿命化するうえでとても重要な行為です。

コンクリート構造物、鋼構造物における点検・調査の方法やモニタリング手法について、主に橋梁を例にとって説明します。

1 点検の種類と方法

1 点検の目的

点検とは、構造物や部材に異常がないかどうかを調べる行為です。点検手法は、構造物の種類によって異なりますが、ここでは道路橋に対する点検を例に説明します。

道路には、市町村道から県道、国道、高速道路までさまざまな道路がありますが、日本国内の道路橋の総数は約70万橋（2013年国土交通省道路局集計）にもおよびます。これらの道路橋は管理する機関（国、都道府県、市町村、道路会社など）や民間の調査会社の技術者など、多くの技術者によって点検されます。技術者ごとに点検方法にばらつきがあると、どの橋が、どの程度傷んでいるのか共通の評価ができません。そこで、多くの技術者が同じ尺度で、橋梁を点検できるように、例えば国土交通省では「**橋梁定期点検要領（案）**」を定めています。

2 点検の種類

点検とは、各種の点検や調査を包括する用語です。

点検には目的に応じてさまざまな種類があります。表4・1に示す①〜⑤の点検では、目視（目で見て行う点検）または簡易な非破壊試験（建造物を壊さずに傷み具合を調べる試験）により構造物や部材の状態を把握します。これらの簡易な調査を標準調査と呼びます。

また、これらの点検（標準調査）の結果から構造物の性能を評価することが困難な場合や、詳細なデータが必要な場合には、さらに各種の非破壊試験な

表4・1 点検の種類

種類	目的	方法
①初期点検	構造物の初期状態を把握する	供用開始（使用開始）にあたって最初に行われ、それ以降の劣化評価の原点になる。主として目視観察などの簡易な調査を実施する
②日常点検	早期に構造物の変状を把握する	1回／数日〜1回／週程度の頻度で実施する点検で、橋梁やトンネルなどの構造物において、主として目視観察などの簡易な調査を実施する
③定期点検	橋梁やトンネルなどの構造物において、日常点検では確認できない部位の状態を把握する	1回／数年程度の頻度で実施する定期的な点検。通常は近接目視による点検を行うが、場合によっては簡易な非破壊試験を実施する
④臨時点検	偶発荷重（発生時期が予期できない地震、台風、事故などにより生じる荷重）が構造物に与えた損傷（地震や衝突などにより発生し、その後はその状況が大きく変化しないもの）の状態を把握する	大規模な地震や台風などによる偶発荷重や、車両や船舶の衝突、火災などの人為的な偶発荷重が作用した後に、目視観察によって実施する
⑤緊急点検	構造物に影響の大きい事故や損傷が生じた場合に、同種の構造物や同様の条件下の構造物において、同様のことが起こっていないかを臨時に把握する	目視または非破壊試験装置を用いて実施する

＊「橋梁定期点検要領（案）」では初期点検から日常点検、定期点検、緊急点検の位置付けと定期点検の手法を定めています。目的に応じてさまざまな点検が行われていますが、点検の手法や点検の頻度などは、その構造物を管理する組織（国、都道府県、市町村、高速道路会社）の判断で設定されています

どを用いて調査を行う場合があります。それを詳細調査と呼びます（4**2**3）。

現在、国が管理する道路橋では、②日常点検として、毎日、道路パトロールカーから橋梁の路面の状態を走行しながら確認する巡回と呼ばれる作業と、1年に1度、橋梁の下面から双眼鏡などを用いて**遠望目視**にて確認する作業を行っています（注：「橋梁定期点検要領（案）」では、1年に1度、橋梁の下面から双眼鏡を用いて遠望目視にて確認する作業を日常点検としている）。

また、③定期点検として、5年に1度の頻度で点検を行い、緊急対応や補修などが必要かどうか、必要であれば、その時期を判定できるシステムを構築しています。

3 点検作業の流れ

点検の流れは、点検の種類によっても異なりますが、ここでは、**近接目視**を基本とした定期点検の流れについて説明します。定期点検のフローチャートを図4・1に示します。

①事前準備
- 過去の点検結果や構造物の位置や種類、形式、寸法などを確認（机上調査）
- 事前に現地の状態を確認し、使用する車両、機材、点検に必要な人数などを検討（事前踏査）
- 点検を実施するうえで交通規制を行う場合は、警察などの関係機関との協議を行う

②点検作業
点検要領や構造物の管理者との打合せ事項に従って、作業を行う。

③点検結果の整理
- 点検結果を**点検調書**（報告書）に記録する
- 現地で撮影した写真を整理する

④点検調書（報告書）の作成
- 過去の点検結果と比較し、構造物の健全度や詳細調査、補修の要否を判定する
- 点検結果から健全度などの判定結果までを点検調書に記録する

4 点検に使用する機材

点検にはどのような服装で何をもって行けば良いのでしょうか？

作業服にヘルメットを着用するのはもちろんのこと、作業する場所によって、さまざまなものを身に

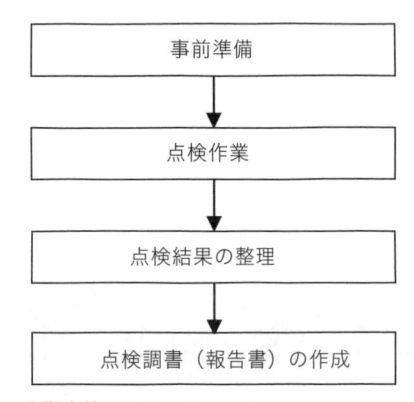

図4・1　定期点検のフローチャート

---

episode

♣ **黄色いパトロールカーは何をしているの？**

黄色いパトロールカーを見たことがあるでしょうか？

道路パトロールカーと呼び、道路の路面の状態や落下物、ガードレールや信号など、設備の異常の有無を含めた道路の状況を確認しています。また、橋梁の路面やジョイントを確認することによって、橋梁の床版や支承の変状を発見することができます。このパトロールカーには道路を管理する組織（国、都道府県、市町村、高速道路会社）の職員が乗車します。管理している道路の距離によっても異なりますが、通常、1日で数10kmの道路を巡回点検します。

道路パトロールカーは、安全で円滑な交通を確保するための立役者です。

黄色いパトロールカー（提供：阪神高速道路㈱）

付ける必要があります（図4・2）。

①橋梁点検に用いる機材・車両

橋梁点検では、上部構造から下部構造までさまざまな箇所を点検します。図4・3に橋の構成を示します。土中、水中にある部分を除いて、目視できる箇所はすべて点検します。そのため、事前に**現地踏査**を行うことによって、点検時に使用する車両や機材を決定しておきます。

なお、検査路がある場合は、そこからの点検を行いますが、検査路がない場合やそこからでは点検できない箇所については、次に示すような機材・車両

図4・4 梯子を用いた点検　　図4・5 高所作業車を用いた点検

図4・2 点検時の服装と持ち物の例

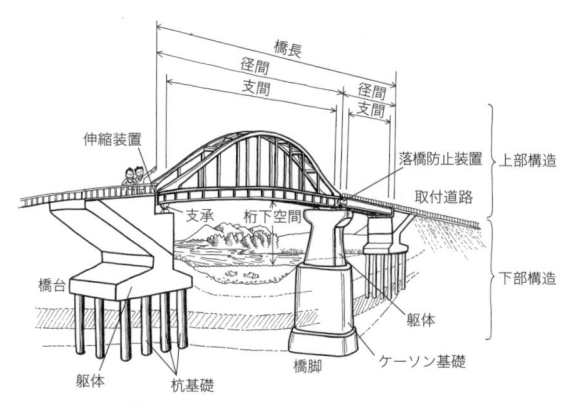

図4・3 橋の構成パーツ

---

episode ♣ ハイテクロボットが点検のお手伝い！

このロボットは何をするロボットかわかりますか？　下水道を点検するロボットです。

装着された8つのタイヤは、それぞれが独立して駆動します。そのため、入り組んだ箇所や障害物も苦にしません。さらに、2000mの長さのケーブルによって、地上の装置と接続され、地上からの遠隔操作が可能です。

管の直径が1200～4000mmの下水道管内をライトで照らして、カメラで下水道管路のコンクリートの状態などを撮影します。

下水道のように人が入りづらく狭い箇所で、このようなハイテクロボットが大活躍しているのです。

下水道で活躍するハイテクロボット
（提供：管清工業㈱）

などを用いて点検します。

❖ 梯子(はしご)などを用いた点検

梯子や簡易足場により目視が可能な場合や、車両を用いた点検を行うスペースがない場合には、梯子などを用いた点検を行います（図4・4）。また、高所にある構造物を点検する場合には、高所作業車を用いた点検を行います（図4・5）。

橋梁の下に河川や海が存在する場合があります。そのような場合には橋梁点検車を用いて点検します（図4・6）。

②トンネル点検に用いる車両

トンネル点検では、覆工コンクリートや坑門（トンネルの入口）などを点検します（図4・7、8）。

近接目視による点検やたたき点検を行う場合には、高所作業車を用います（図4・9）。

また、走行しながらトンネル覆工を撮影する覆工表面撮影車で、画像判定による点検を行う場合もあります（図4・10）。

5 点検の実践

点検の方法について、日常点検と定期点検に分けて説明します。

①日常点検の場合

簡易な点検方法であるため、特殊な機材を用いず、目視や車上感覚などにより点検を行うことが一般的です。双眼鏡を用いて遠望目視により点検する場合もあります。車上感覚による点検とは、橋梁において伸縮装置の不良、橋の異常なたわみ・振動の有無を走行中の**道路パトロールカー**に乗車した状態で把握する点検手法です。

図4・6　橋梁点検車による点検

図4・7　覆工コンクリート

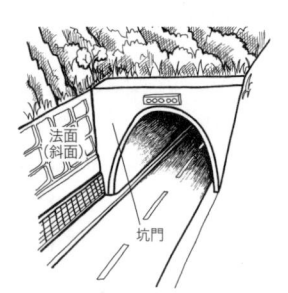

図4・8　坑門

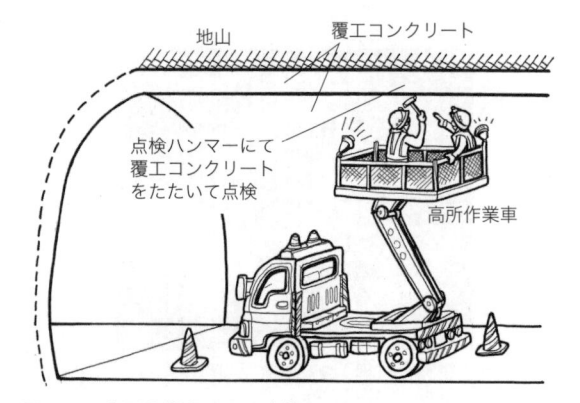

図4・9　高所作業車による点検

図4・10　覆工表面撮影車（提供：国際航業㈱）

図4・11　チョークによる記入

②定期点検の場合

前節で説明した機材・車両、または検査路などを用いた近接目視や撮影画像などにより点検を行います。

近接目視の場合、変状箇所はチョークなどで変状の情報(コンクリートのひび割れや鋼材のき裂など)を記入したうえで、写真撮影、スケッチなどを取ることにより記録を残します（図4・11）。

コンクリートが剥離する可能性がある場合など、緊急を要する異常箇所を発見した場合は管理者に連絡します。その場合には、第三者被害を防止するために、その部分のたたき落としを行っておきます（図4・12、13）。

過去の点検結果と比較し、新たな変状の発生や変状の進行の有無、補修箇所の補修効果を確認します。

6 点検結果の記録

点検結果の記録様式は、管理者ごとに定められていることが多く、それに従って記録を行います。以下に写真、スケッチ、採寸による記録を行う場合の留意点を示します。

①写真撮影を行う場合の留意点

デジタルカメラを用いる場合は、できるだけ画素数の多いものを使用します（できれば200万画素以上）。

変状箇所の拡大写真のみでは変状原因の推定を誤る場合があるので、変状の周囲の状況も確認できるように写真撮影・記録することが大切です。例えば、

図4・12　剥離の可能性が見られる異常箇所

図4・13　たたき落とし

episode ♣ コンクリートの声を聴く！

この写真は何をしているところでしょう？

コンクリートの声に耳を澄ます！

これは点検ハンマーでコンクリートの表面を叩き、浮き・剥離の有無を確認しているところです。

点検ハンマーで叩くと、健全な箇所は「カーン」と澄んだ音がします。一方、浮き、剥離がある箇所は鈍い音がします。さながら、コンクリートの声を聴いて診断をしているようです。

なお、鋼構造物でも同様な点検が、主として高力ボルト接合部に対して行われています。この時、ボルトまたはナットをたたき、ボルトのゆるみを発見します。

鋼橋はボルトやナットをたたいて点検

コンクリートにひび割れがある場合、乾燥収縮によるものか、鉄筋腐食によるものか、変状周囲の状況から判断可能な場合もあるため、できるだけ客観的な判断ができるように近接および全体状況、周辺状況の記録を残すことが大切です。

例えば、図4・14は橋脚側面のひび割れ状況を記録できていますが、図4・15のように変状箇所の全景を撮影すると、ひび割れの特徴からアルカリシリカ反応であることが特定できることもあります（3.1.1①「アルカリシリカ反応（ASR）」参照）。

図4・14　橋脚側面のひび割れ状況

図4・15　変状箇所の全景　アルカリシリカ反応で生じやすい亀甲状のひび割れ

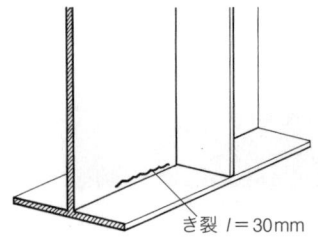

図4・16　スケッチの例（鋼部材のき裂）
き裂 $l=30mm$

②スケッチを行う場合の留意点

写真による記録では表現の難しい変状の広がりや特徴などの補足説明のためには、スケッチによる記

episode ♣ スパイダーマンも顔負け！？

この2枚の写真に写っているのは明石海峡大橋に登った点検員です。点検員は明石海峡大橋のケーブルを点検しています。ケーブルは1番高いところで、海面から297mあります。点検員は、ケーブルの上を歩いて点検します。

上の写真では、ケーブルの上面やボルトなどを点検しています。安全ベルトと呼ばれる命綱を使用しているため、足を滑らせても転落することはありませんが、ほとんどの方は足がすくんで歩けないでしょう。

下の写真は、ケーブル作業車と呼ばれる移動できる足場を使って点検しています。ケーブルの下面などはこのなかに入って点検します。

明石海峡大橋の維持管理には、このような人の目の届かないような高所での作業が欠かせません。安全で快適な道路や橋を守るために、日々点検作業が行われているのです。

命綱をつけてボルトなどを点検中（提供：JB本四高速）

作業車に乗って作業中（提供：JB本四高速）

録を残します。その時のスケッチは変状の広がりや特徴が客観的に把握できるようにする必要があります。例えば、ひび割れやき裂などの長さを記録すると対策を検討する時に役立ちます（図4・16）。

③採寸

変状の程度を表すには、その大きさを数値で記録することが大切です。例えば、コンクリートのひび割れについては、ひび割れ幅や長さを記録し、剥離や鉄筋露出などの概略の寸法を記録します。

これらの情報は、詳細調査や補修・補強の必要性を判断するうえでの基礎資料となるとともに、次回の点検実施時に変状の進行の有無を判断するうえでの基準値となるため、客観的なデータとして記録を残すことが重要です。

2 コンクリート構造物の点検の方法

これまではコンクリート、鋼構造物に共通する点検の方法や使用する機材について述べました。

ここからは、コンクリート構造物特有の点検項目や、変状の詳細や要因を知るための調査方法を説明します。

1 変状の種類

コンクリート構造物の点検は、目視やたたき点検などの方法により、構造物の外観の変状、変形、変位（例えば主桁などに大きなたわみが生じたり、橋台が背面の土砂などに押されるなどにより移動していること）や構造物の供用状態に関する項目について点検します（図4・17）。

変状とは、施工時に生じる「**初期欠陥**」、時間の経過に伴って進行する「**劣化**」と、時間の経過に伴って進行しない「**損傷**」を総称したものです。例えば、3章で学んだ塩害やアルカリシリカ反応などは劣化ですが、地震力や交通事故により発生したものは損傷となります。

①初期点検でのチェック項目

1) 初期欠陥の有無（ひび割れ、豆板（図4・18）、コールドジョイント（図4・19）など）
2) 構造物の外観に関する項目（外形、寸法、色調、変状の有無など）
3) 剥離、剥落などの有無およびその程度
4) 気象などの環境条件（飛来塩分、冬季における凍結など）
5) 構造物の荷重条件（活荷重など）
6) 構造物の使用条件（乾湿繰り返し、凍結防止剤の使用など）

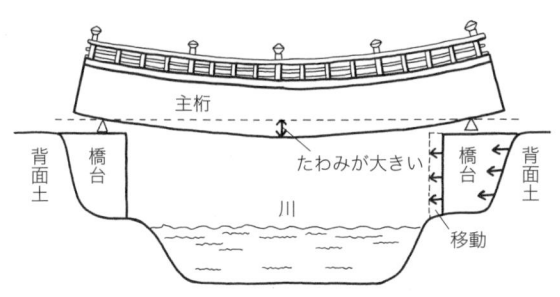

図4・17　変位の例

図4・18　豆板（出典：『コンクリート構造物の劣化事例写真集』㈳日本コンクリート工学協会）

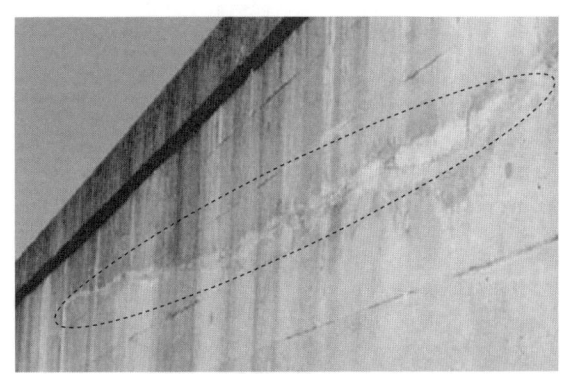

図4・19　初期欠陥によるコールドジョイント（出典：『コンクリート構造物の劣化事例写真集』㈳日本コンクリート工学協会）

解説 ♠ 橋梁の定期点検の記録

ここでは、国土交通省の橋梁定期点検要領（案）による点検結果の記録様式の一例を紹介します。

点検調書①では、橋梁の寸法などのデータ、点検結果のまとめ、補修や補強対策の方法について記載しています。

点検調書②では、現地の点検の様子や橋のパーツの写真を掲載しています。点検調書③では、橋を下から見た場合の桁部材に着目したスケッチによる変状図を記載しています。変状がどの位置に発生しているかを示し、変状を写真またはスケッチにより記載します。

点検調書④では、点検調書③で示した損傷の写真を記載しています。

注）本文中では変状という用語を用いていますが、『橋梁定期点検要領（案）』（国土交通省道路局国道・防災課、2004年）では損傷という表現を用いています。
（図出典：『橋梁定期点検要領（案）』国土交通省道路局国道・防災課、2004）

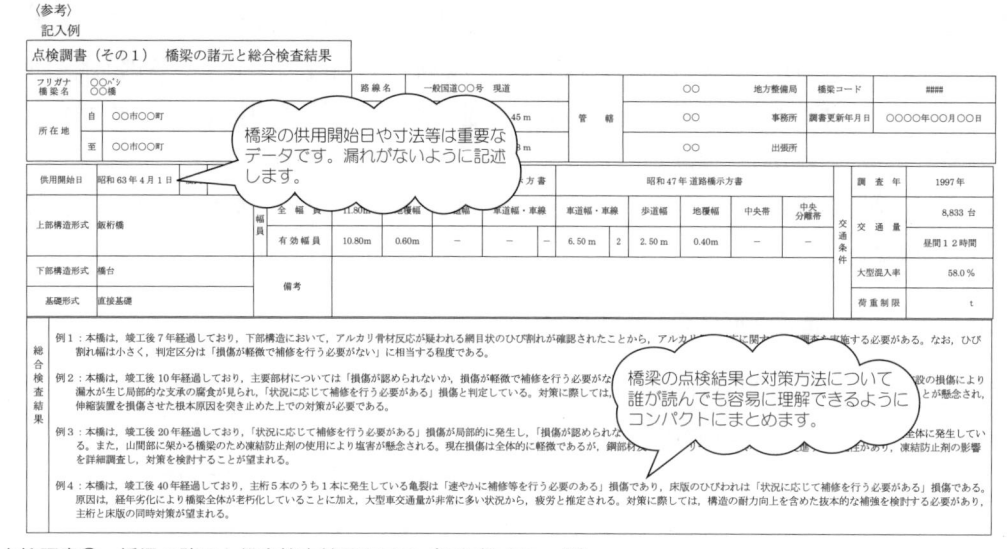

点検調書①　橋梁の諸元と総合検査結果を示す（記録様式の一例）

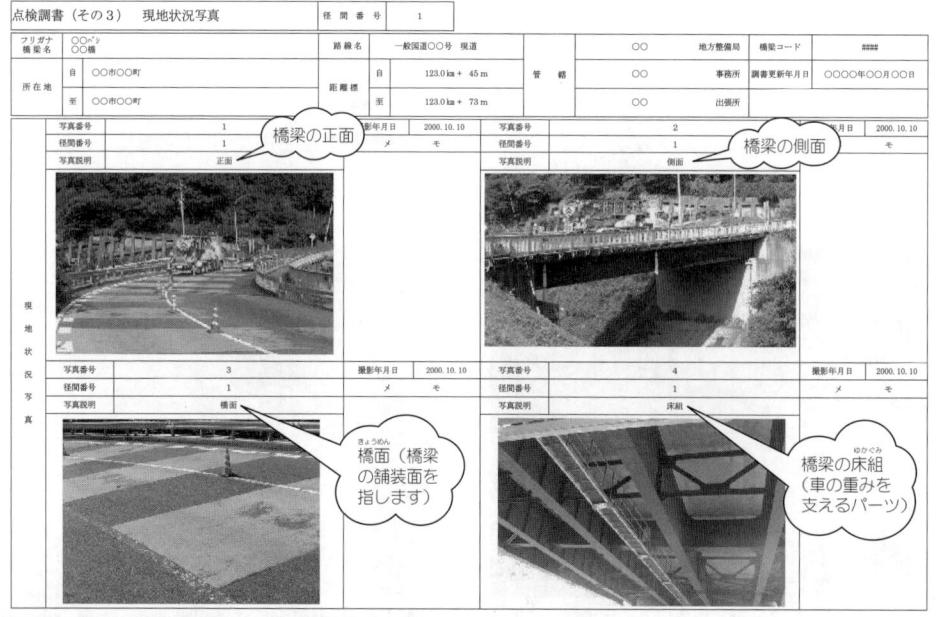

点検調書②　現地状況写真を示す（記録様式の一例）

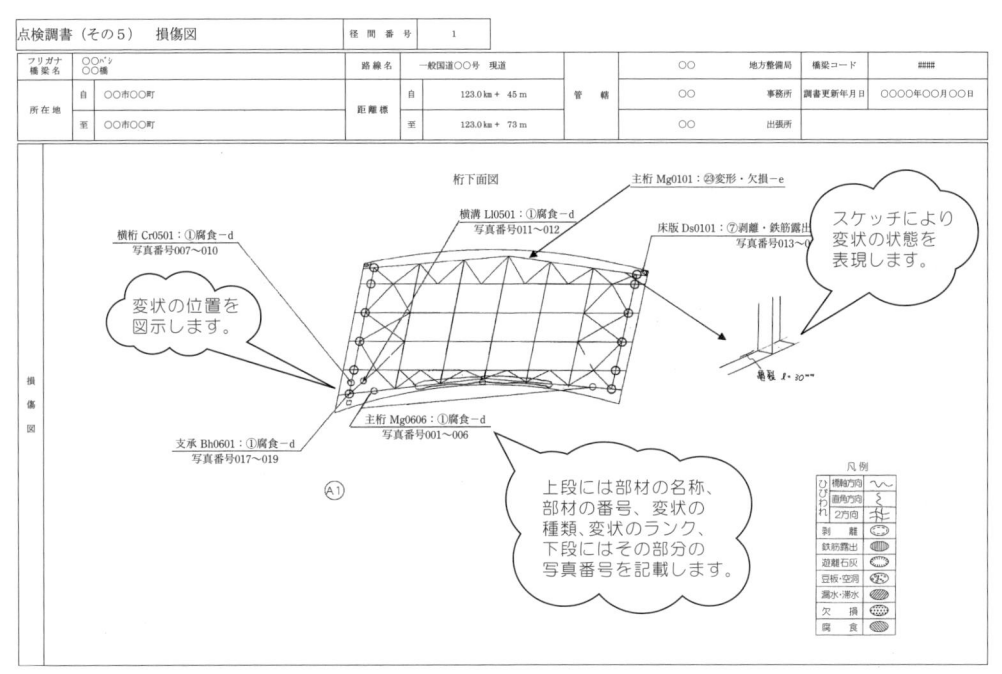

点検調書③　変状図を示す（記録様式の一例）

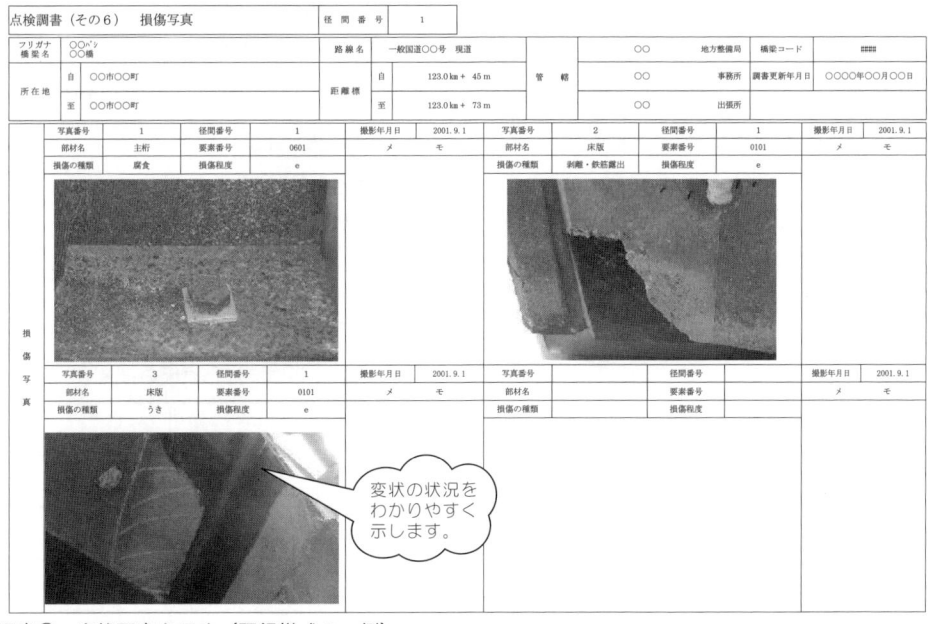

点検調書④　変状写真を示す（記録様式の一例）

②日常点検でのチェック項目

1) 変状の有無（ひび割れ、剥離、剥落、床版の抜け落ちなどの有無）
2) 伸縮継ぎ手の不良の有無
3) 異常なたわみや振動の有無

伸縮継ぎ手の不良、異常なたわみ、振動が確認される場合は、上部構造の変形・移動などの可能性があります。

③定期点検でのチェック項目

1) ひび割れ（発生時期、幅、長さ、発生パターンなど）
2) 浮き、剥離、剥落、さび汁、遊離石灰、変色、スケーリング、断面欠損、ゲルなどの発生状況
3) 鋼材腐食の有無（腐食有りの場合は腐食の形態、程度、範囲など）
4) 付帯設備の損傷の有無（損傷有りの場合は位置、程度など）
5) 劣化外力となる気象などの環境条件（飛来塩分、冬季における凍結など）
6) 構造物の使用条件（乾湿繰り返し、凍結防止剤の使用など）

浮きなどがある場合は、第三者被害を防止するために、その部分のたたき落としを行います。

④臨時点検でのチェック項目

1) ひび割れ、断面欠損、浮き、剥離、剥落、漏水などの有無
2) 変形状況
3) 支持状態
4) 異音や異常な振動の有無

浮きなどがある場合は、第三者被害を防止するために、その部分のたたき落としを行います。

⑤緊急点検でのチェック要領

先に生じた事故例を参考にし、同種の変状が生じる可能性を有する部材・部位について点検を行います。

2 変状の事例

点検において、着目される変状を説明しましたが、それらの変状の特徴と事例を表4・2に示します。

それぞれの劣化のしくみについては、3章で学んだとおりです。

3 詳細調査

目視または簡易な非破壊試験を用いた点検（標準調査）の結果からでは構造物の性能を評価することが困難な場合や、詳細なデータが必要な場合には、さらに各種の非破壊試験などを用いて調査を行う場合があります。それを詳細調査と呼びます。

ここでは、詳細調査の流れを図4・20に示します。

①予備調査

- 点検結果などの書類から構造物の変状を確認する
- 詳細な目視調査を行い、劣化原因を特定するための資料を得る

②劣化機構の推定

塩害、中性化、アルカリシリカ反応、凍害、その他など、劣化機構を推定する

③詳細試験調査の選定

推定した劣化原因に応じて試験項目を選定する。

- 詳細目視調査、はつり調査などから鉄筋の腐食状態を確認する

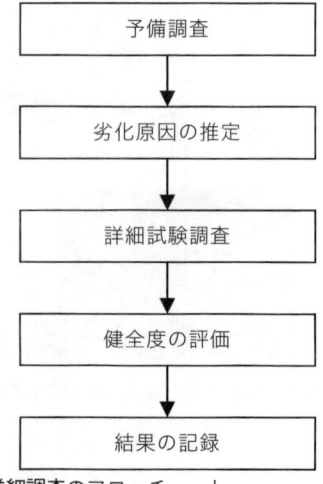

```
┌─────────────┐
│  予備調査    │
└──────┬──────┘
       ↓
┌─────────────┐
│ 劣化原因の推定 │
└──────┬──────┘
       ↓
┌─────────────┐
│ 詳細試験調査  │
└──────┬──────┘
       ↓
┌─────────────┐
│ 健全度の評価  │
└──────┬──────┘
       ↓
┌─────────────┐
│  結果の記録   │
└─────────────┘
```

図4・20　詳細調査のフローチャート

表4・2 変状の事例

〔アルカリシリカ反応（ASR）〕

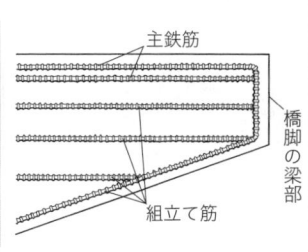

橋脚の端面に亀甲状のひび割れが発生した事例（写真左）。また、橋台、擁壁などにおいても、同様のひび割れが発生する場合がある一方、橋脚の側面で、主鉄筋や組立て筋（図）に沿ってひび割れが発生した事例（写真右）

〔塩害〕

橋梁の主桁の鋼材に沿って腐食ひび割れが生じた事例
（出典：『コンクリート構造物の劣化事例写真集』㈳日本コンクリート工学協会）

〔剥離〕

鉄筋が腐食し、橋梁の主桁下面のかぶりコンクリートと表面保護工の樹脂が剥離した事例（たたき落としている）

〔浮き〕

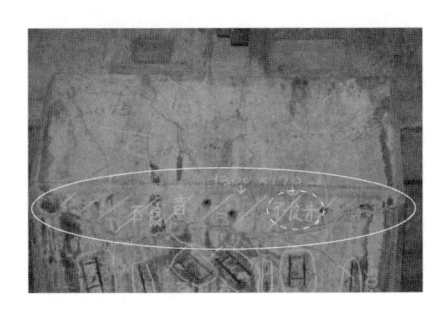

鉄筋が腐食し、かぶりコンクリートに浮きが生じた事例
不良音と示された箇所がコンクリートに浮きが生じている部分

表 4・2 変状の事例（続き）

〔さび汁〕

鉄筋が腐食し、ひび割れからさび汁が生じた事例

〔鉄筋の露出〕

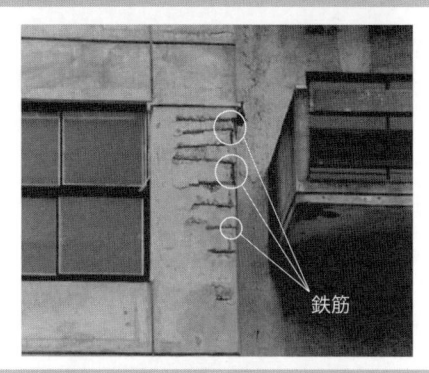

鉄筋が腐食し、建築物のかぶりコンクリートが剥落し、鉄筋露出が生じた事例
（出典：『コンクリート構造物の劣化事例写真集』㈳日本コンクリート工学協会）

〔漏水・遊離石灰〕

幹線共同溝（地下構造物）の躯体コンクリートにひび割れが発生し、そこから漏水・遊離石灰が生じた事例

〔疲労によるひび割れ〕

道路橋の床版コンクリートに疲労によりひび割れが発生した事例
（出典：『コンクリート構造物の劣化事例写真集』㈳日本コンクリート工学協会）

表4・2 変状の事例（続き）

〔コンクリートの抜け落ち〕

道路橋の床版コンクリートに疲労によりひび割れが発生し、さらにひび割れが進展することにより、最終的にコンクリートが抜け落ちた事例
（出典：『コンクリート構造物の劣化事例写真集』㈳日本コンクリート工学協会）

〔スケーリング／凍害による〕

道路の縁石のコンクリートに凍害によりスケーリングを生じた事例。スケーリングとは、コンクリートの表面が剥げ落ちる現象
（出典：『コンクリート構造物の劣化事例写真集』㈳日本コンクリート工学協会）

〔ポップアウト／凍害による〕

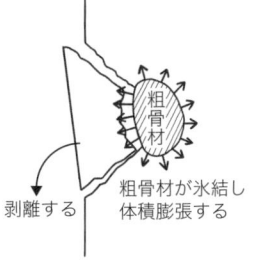

凍害により、ポップアウトを生じた事例。ポップアウトとは、粗骨材が氷結し体積膨張を生じ、その膨張圧による破壊でクレーター状のくぼみが生じる現象

〔コンクリート表面の変質／化学的腐食による〕

下水、温泉水等に含まれる酸、硫酸塩、または下水、温泉水等から発生する硫化水素ガス等の影響により、コンクリートが侵食される現象。写真はコンクリート表面が変色した事例
（出典：『コンクリート構造物の劣化事例写真集』㈳日本コンクリート工学協会）

- 鋼材腐食状況の調査（自然電位など）
- 塩化物イオン濃度：塩害により劣化した構造物であれば、塩化物イオンの含有量を測定し、劣化の程度を把握する
- 中性化深さ：中性化により劣化した構造物であれば、中性化残り（かぶりと中性化深さの差）を測定し、劣化の程度を測定する
- 鉄筋位置・かぶり
- 圧縮強度　など

④健全度評価

上記の結果から、劣化原因を確定し、劣化度の判定、補修・補強の必要性の判断を行う

⑤結果の記録

調査結果を記録する。調査結果は、補修・補強対策や次回の点検を実施するうえで、貴重な資料となるため、できるだけ客観的に記述する

■4 劣化の種類ごとに異なる詳細調査の方法

予備調査などにより劣化機構を推定し、劣化機構に応じて詳細調査の項目を選定します。ここでは、中性化、塩害、凍害、アルカリシリカ反応、化学的侵食といった劣化機構ごとの主な詳細調査の方法を説明します。

①塩害に対する詳細調査

いくつかの方法があります（表4・3、図4・21〜24）。まず、最初に行われることが多いのは、構造物の外観の確認です。これは性能評価のための有力な情報

表4・3　塩害に関する詳細調査の方法および目的

方法	目的	概要
外観の確認	劣化の状態を確認する	・目視により、腐食ひび割れ、さび汁、剥離などを把握する ・ひび割れ幅の測定にはクラックスケールを用いる（図4・21）
自然電位法 JSCE-E601	鉄筋の腐食状況を推定する	・鉄筋を一部はつり出し陽極側に接続、照合電極を陰極側に接続し、電位を測定したい箇所のコンクリート表面に照合電極を接触させ、鉄筋の電位を測定する（図4・22） ・測定結果から、腐食の有無を推定する
分極抵抗法	鉄筋の腐食速度を推定する	・自然電位法と同様に鉄筋と電極を接続する ・周波数の異なる2種類の交流電流を通電し、鉄筋の単位面積当たりの分極抵抗を求める
はつりによる鉄筋の腐食調査	鉄筋の腐食状況を把握する	・コンクリートをはつりとり、コンクリート内部の鉄筋を目視する ・鉄筋（鋼材）の腐食状況を確認する ・自然電位法や分極抵抗法などの試験結果の確認などに用いられる
塩化物イオン含有量試験 JIS A 1154 JSCE-G573	鋼材位置の塩化物イオン量を把握する	・ドリル法では、ドリルの切削粉、コア採取法では、構造物から採取したコアをスライスしたものを試料とする ・コンクリート中に含まれている塩化物イオンを測定する
赤外線サーモグラフィ法	浮きの有無を把握する	・赤外線カメラでコンクリート表面の温度分布を画像で表現し、浮き（欠陥箇所）部分を検出する（図4・23、24）

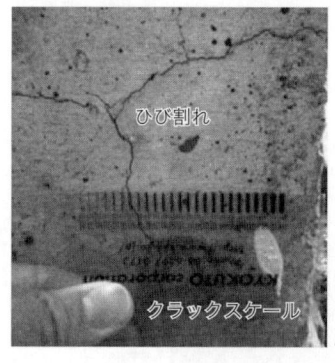

図4・21　クラックスケールによるひび割れ幅の測定

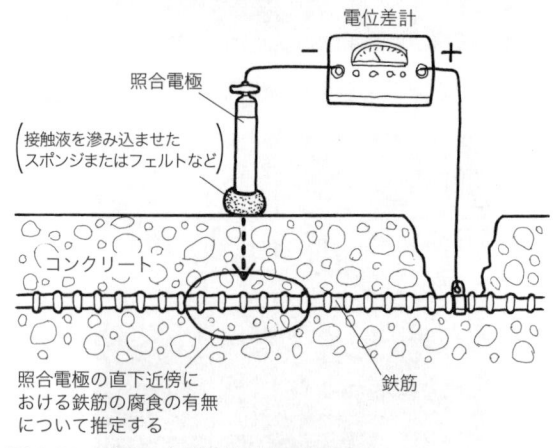

図4・22　鉄筋の自然電位測定の概念図

となります。劣化の状態から、構造物の外観上のグレードを判定します（表4・4）。

外観の確認の結果、腐食ひび割れなどが部分的に確認される場合、鉄筋の腐食の範囲などを非破壊的に調査する場合に、自然電位法を用います（表4・5、図4・22。腐食ひび割れが発生していなくても、構造物が鉄筋の腐食しやすい沿岸部などの環境にある場合にも実施する場合があります）。

また、鉄筋の腐食速度を非破壊的に推定する手法として、分極抵抗法があります。

非破壊的な手法は便利ですが、推定精度を高めるために実際の腐食状況などと整合をとる必要があります。これを**キャリブレーション**といいます。構造物の表面のコンクリートをはつりとり、コンクリート内部の鉄筋を目視して、鉄筋（鋼材）の腐食状況を確認します。

なお、腐食に関する定量的なデータが得られれば、鋼材の劣化や構造物の性能低下を評価することができます。半定量的ですが、簡便な評価方法として、鋼材の腐食状態を表4・6のようにグレード分けを行い、評価することもできます。

また、腐食因子である塩化物イオンがコンクリート中にどの程度含まれているかを把握するために、塩化物イオン含有量試験を行います。鉄筋の位置における塩化物イオンの含有量がわかると、鉄筋の腐

図4・23 赤外線サーモグラフィ法による調査状況（提供：国際航業㈱）

図4・24 赤外線サーモグラフィ法の測定例（提供：国際航業㈱）
○印の部分は内部に欠陥（空洞）があると推定されます。

表4・4 塩害に関する構造物の外観上のグレードと劣化の状態

外観上のグレード	劣化の状態
潜伏期 （状態Ⅰ-1）	・外観上の変状が見られない ・腐食発生限界塩化物イオン濃度以下
進展期 （状態Ⅰ-2）	・外観上の変状が見られない ・腐食発生限界塩化物イオン濃度以上 ・腐食が開始
加速期前期 （状態Ⅱ-1）	・腐食ひび割れが発生 ・さび汁が見られる
加速期後期 （状態Ⅱ-2）	・腐食ひび割れが多数発生 ・さび汁が見られる ・部分的な剥離・剥落が見られる ・腐食量の増大
劣化期 （状態Ⅲ）	・腐食ひび割れが多数発生 ・ひび割れ幅が大きい ・さび汁が見られる ・剥離・剥落が見られる ・変位・たわみが大きい

表4・5 ASTM C876-80による電位判定基準

電位〔mVvsCSE〕	鉄筋腐食の判定
－200＜E	90％の確率で腐食なし
－350＜E＜－200	不確定
E≦－350	90％の確率で腐食あり

表4・6 腐食のグレードと鋼材の状態

腐食のグレード	鋼材の状態
Ⅰ	黒皮（鉄筋表面の膜）の状態、またはさびは生じているが全体的に薄い緻密なさびであり、コンクリート面にさびが付着していることはない
Ⅱ	部分的に浮きさびがあるが、小面積の斑点状である
Ⅲ	断面欠損は目視観察では認められないが、鉄筋の全周または全長にわたって浮きさびが生じている
Ⅳ	断面欠損が生じている

食がいつ生じるかなどの劣化予測を行うことができます。

さらに、かぶりコンクリートの剥落による**第三者被害**の発生を防止するために、**かぶりコンクリートの浮き**の有無を赤外線サーモグラフィー法により、非破壊的に調査する場合もあります。

かぶりコンクリートが浮いている箇所は、他の部分と比較して、空隙の影響で表面部分のコンクリートの厚さが薄くなり、日射などによるコンクリート表面の温度変化が大きくなります。**赤外線サーモグラフィ法**は、この原理を利用して、かぶりコンクリートが浮いている箇所を検出します。精度良く測定するためには、天候が良い日に測定すること、気温変化の大きい午前中に測定することが重要です。また、日陰の部分では精度が低くなることに注意が必要です。図4・24は道路法面の吹付けコンクリートに赤外線サーモグラフィ法を適用した例です。左側は赤外線カメラ（図4・23参照）により撮影した画像、右側はデジタルカメラにより撮影した画像です。高温部分（○印の部分）には、内部に空洞があることが推定されます。

②中性化に対する詳細調査

まず、構造物の外観の確認を行います。劣化の状態から、構造物の外観上のグレードを判定します（表4・7、8）。

外観の確認の結果、腐食ひび割れや剥離などが部分的に確認される場合などにおいて、構造物からコアを採取し、そのコア孔を用いて、中性化深さ測定を行います（腐食ひび割れや剥離が発生していなくても、構造物の健全性を把握するために実施する場合があります）。その結果から、中性化の進行の程

表4・7　中性化に関する詳細調査の方法および目的

方法	目的	概要
外観の確認	劣化の状態を確認する	・目視により、腐食ひび割れ、さび汁、剥離などを把握する ・ひび割れ幅の測定にはクラックスケールを用いる（図4・21）
フェノールフタレイン法 JIS A 1152	中性化深さを測定する	・コアを採取した後のコア孔などにフェノールフタレイン溶液を吹き付ける ・コンクリート表面から赤紫色に発色した部分と無色透明の部分の境界までの深さを数ヶ所求める（図4・25） ・その平均値を中性化深さとする
はつりによる鉄筋の腐食調査	鉄筋の腐食状況を把握する	・表面のコンクリートをはつりとる ・コンクリート内部の鉄筋を目視して、鉄筋（鋼材）の腐食状況を確認する

表4・8　中性化に関する構造物の外観上のグレードと劣化の状態

グレード	劣化の状態
潜伏期 （状態Ⅰ-1）	・外観上の変状が見られない ・中性化残り（かぶりと中性化深さの差）が発錆限界（鋼材が腐食しはじめる環境となる中性化残り）以上（5.1.2「中性化により劣化したコンクリート構造物」にて詳述）（図5・4「中性化の進行のイメージ」参照）
進展期 （状態Ⅰ-2）	・外観上の変状が見られない ・中性化残りが発錆限界未満 ・腐食が開始
加速期前期 （状態Ⅱ-1）	・腐食ひび割れが発生
加速期後期 （状態Ⅱ-2）	・腐食ひび割れの進展とともに剥離・剥落が見られる ・鋼材の断面欠損は生じていない
劣化期 （状態Ⅲ）	・腐食ひび割れとともに剥離・剥落が見られる ・鋼材の断面欠損が生じている

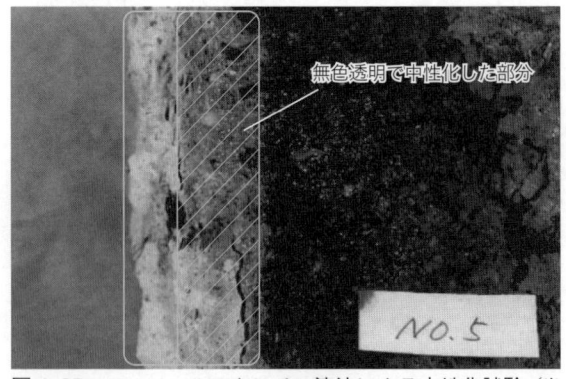

図4・25　フェノールフタレイン溶液による中性化試験（出典：『コンクリート構造物の劣化事例写真集』㈳日本コンクリート工学協会）　フェノールフタレイン溶液は、アルカリ性の場合は、赤紫色に呈色します。したがって、コンクリート表面から、赤紫色に発色した部分と無色透明の部分の境界までの深さが中性化深さとなります。

度を把握するとともに、鉄筋の腐食がいつ生じるかなどの劣化予測を行うことができます。

また、塩害と同様に構造物の表面のコンクリートをはつりとり、コンクリート内部の鉄筋を目視して、鉄筋（鋼材）の腐食状況を確認する場合や赤外線法を用いて、かぶりコンクリートの浮きの有無を調査することもあります。

③凍害に対する詳細調査

まず、構造物の外観の確認を行います。劣化の状態から、構造物の外観上のグレードを判定します（表4・9、10）。

外観の確認の結果、スケーリング、ポップアウトなどが部分的に確認される場合などにおいて、凍害深さなどを計測します。

また、塩害と同様に構造物の表面のコンクリート

表4・9　凍害に関する詳細調査の方法および目的

方法	目的	概要
外観の確認	劣化の状態を確認する	・目視により、スケーリング、ポップアウトなどを把握する（表4・2）
凍害深さ測定	凍害深さを測定する	・スケーリング深さなどで評価する ・スケーリング深さは構造物表面でスケーリングの深さを測定する ・その最大値と最小値から算定する
はつりによる鉄筋の腐食調査	鉄筋の腐食状況を把握する	・表面のコンクリートをはつりとる ・コンクリート内部の鉄筋を目視して、鉄筋（鋼材）の腐食状況を確認する

表4・10　凍害に関する構造物の外観上のグレードと劣化の状態

グレード	劣化の状態
潜伏期（状態Ⅰ）	凍結融解作用を受けるが、性能低下がなく初期の健全性を保持している状態
進展期（状態Ⅱ）	凍害深さが小さく剛性にはほとんど変化はなく、鋼材腐食もないが、美観などに影響を及ぼす段階
加速期（状態Ⅲ）	凍害深さが大きくなり、剥落などの第三者への影響が起こり鋼材腐食が発生する段階
劣化期（状態Ⅳ）	凍害深さが鋼材位置以上になり、腐食が著しくなり、使用性や安全性へ影響を及ぼす段階

表4・11　アルカリシリカ反応（ASR）に関する詳細調査の方法および目的

方法	目的	概要
外観の確認	劣化の状態を確認する	・目視により、ひび割れ幅および密度、段差・ずれ、さび汁、剥離・剥落などを把握する（表4・2）
コア試料による膨張率の測定方法 JCI-S-011-2017	アルカリシリカ反応（ASR）の劣化進行を予測する	・構造物からコアを採取し、促進膨張率を測定する ・アルカリシリカ反応（ASR）による膨張を促進させる ・その膨張量から今後の劣化進行を予測する（コラム「コア試料による膨張率の測定方法」参照）
はつりによる鉄筋の腐食調査	鉄筋の腐食状況を把握する	・表面のコンクリートをはつりとる ・コンクリート内部の鉄筋を目視して、鉄筋（鋼材）の腐食状況、破断の有無を確認する
圧縮強度・弾性係数試験 JIS A 1107	コンクリートの劣化状況、強度特性を把握する	・構造物からコアを採取し、JIS A 1107「コンクリートからのコアの採取方法及び圧縮強度試験方法」に準じて試験を行う ・構造物の配筋状態を確認した上で、コアを採取する ・同一構造物のうち、劣化が進行している箇所と比較的健全な箇所の両方から採取することが望ましい

表4・12　アルカリシリカ反応（ASR）に関する構造物の外観上のグレードと劣化の状態

グレード	劣化の状態
潜伏期（状態Ⅰ）	・アルカリシリカ反応（ASR）による膨張およびそれに伴うひび割れがまだ発生せず、外観上の変状が見られない
進展期（状態Ⅱ）	・水分とアルカリの供給下において膨張が継続的に進行し、ひび割れが発生し、変色、アルカリシリカゲルの滲出が見られる ・しかし、鋼材腐食によるさび汁は見られない
加速期（状態Ⅲ）	・アルカリシリカ反応（ASR）による膨張速度が最大を示す段階で、ひび割れが進展し、ひび割れ幅および密度が増大する。 ・鋼材腐食によるさび汁が見られる場合もある
劣化期（状態Ⅳ）	・ひび割れの幅および密度がさらに増大し、段差、ずれや、かぶりの部分的な剥離・剥落が発生する ・鋼材腐食が進行しさび汁が見られる。外力の影響によるひび割れや鋼材の損傷が見られる場合もある ・変位・変形が大きくなる

をはつりとり、コンクリート内部の鉄筋を目視して、鉄筋（鋼材）の腐食状況を確認する場合もあります。

④アルカリシリカ反応（ASR）に対する詳細調査

まず、構造物の外観の確認を行います。劣化の状態から、構造物の外観上のグレードを判定します。（表4・11、12）

外観の確認の結果、アルカリシリカ反応（ASR）によるひび割れが部分的に確認される場合などにおいて、今後のアルカリシリカ反応（ASR）の進行速度を評価するために**コア試料による膨張率の測定方法**を用います。

さらに、鉄筋の腐食や破断などが懸念される場合には、構造物の表面のコンクリートをはつりとり、

表4・13 化学的侵食に関する詳細調査の方法および目的

方法	目的	概要
外観の確認	劣化の状態を確認する	・目視により、コンクリート表面の変質、ひび割れ、断面欠損、骨材の露出などを把握する（表4・2）
EPMAによる分析 JSCE-G-574	劣化因子の浸透深さを評価する	・EPMA（電子プローブマイクロアナライザ）を用いて、コンクリート中の劣化因子がどのような元素から構成され、分布しているかを調べることにより、劣化因子の浸透深さを評価する（コラム「EPMAによる分析」参照）
フェノールフタレイン法 JIS A 1152	中性化深さを測定する	・コアを採取した後のコア孔などにフェノールフタレイン溶液を吹き付ける ・コンクリート表面から赤紫色に発色した部分と無色透明の部分の境界までの深さを数ヶ所求める（図4・25） ・その平均値を中性化深さとする
はつりによる鉄筋の腐食調査	鉄筋の腐食状況を把握する	・表面のコンクリートをはつりとり、コンクリート内部の鉄筋を目視する ・鉄筋（鋼材）の腐食状況、破断の有無を確認する

表4・14 化学的侵食に関する構造物の外観上のグレードと劣化の状態

グレード	劣化の状態
潜伏期（状態Ⅰ）	コンクリート表面の変質が生じ始めるまでの期間であり、外観の変状は見られない
進展期（状態Ⅱ）	コンクリート表面が荒れた状態もしくはひび割れが見られる
加速期（状態Ⅲ）	コンクリートのひび割れや断面欠損が著しく、骨材が露出あるいは剥落している
劣化期（状態Ⅳ）	コンクリートの断面欠損やひび割れが鋼材位置まで進行し、鋼材の断面減少などにより変位・たわみが大きい

解説 ♦ コア試料による膨張率の測定方法

表4・11で紹介したコア試料による膨張率の測定方法について補足説明します。試験は以下の手順で行います。

①供試体の準備：コンクリートにコンタクトチップを2ヶ所貼り付け、マイクロストレインゲージにてコンタクトチップ間の長さの初期値を計測する。

②解放膨張率：温度20±2℃、相対湿度95%以上の標準養生状態で保存し、定期的にコンタクトチップ間の長さを測定する。膨張が収束するまで計測を行い、収束した時点での膨張率を測定する。

解放膨張（%）＝（標準養生終了時の長さ－初期の長さ）／初期の長さ

③促進膨張率：温度40±2℃、相対湿度95%以上で保存し、ある期間内における膨張率を測定し、解放膨張率を差し引いた値を促進膨張率とする。

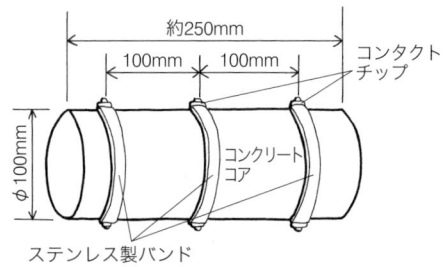

コンタクトチップの取付けの一例

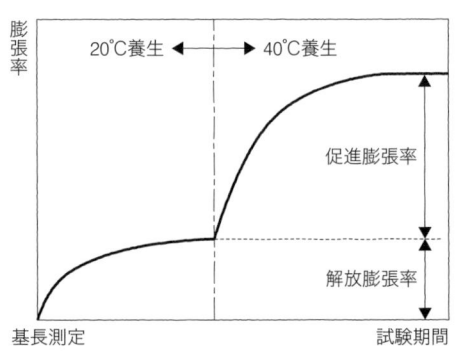

反応性コアの膨張特性概略図（出典：JCI-S-011-2017・解図1）

『ASR構造物の維持管理マニュアル』（阪神高速道路㈱）では、全膨張率が0.1%以上であれば将来有害な影響を与える可能性が高いと判定されます。

コンクリート内部の鉄筋を目視して、鉄筋（鋼材）の腐食状況や破断などの有無を確認します。

また、コンクリートの劣化状況の把握、および補強設計などの耐力算定が必要な場合に、強度特性を評価するために、圧縮強度・弾性係数試験を行います。

⑤化学的侵食に対する詳細調査

まず、構造物の外観の確認を行います。劣化の状態から、構造物の外観上のグレードを判定します。（表4・13、14）

外観の確認の結果、コンクリート表面の変質（表4・2）が確認される場合などにおいて、劣化因子の種類の特定や、浸透深さを評価するためにEPMA（電子線マイクロアナライザ）による分析を行うことがあります。

また、化学的侵食は酸による腐食である場合が多いことから、中性化深さを計測します。

さらに、鉄筋の腐食が懸念される場合には、構造物の表面のコンクリートをはつりとり、コンクリート内部の鉄筋を目視して、鉄筋（鋼材）の腐食状況の有無を確認します。

⑥床版の疲労ひび割れに対する詳細調査

構造物の外観の確認を行います。劣化の状態から、構造物の外観上のグレードを判定します（表4・15、3章コラム「コンクリートのひび割れを見分ける」p.34参照）。

ここで紹介した詳細調査の手法は、各劣化機構ごとの代表的な調査手法です。実際の調査では、現場の状況に応じて、適切な調査手法を選定します。

3 鋼構造物の点検の方法

ここでは、鋼構造物の点検項目や調査の方法について、代表的な鋼構造物である鋼製橋梁を中心に説明します。

1 点検と変状の種類

鋼構造物の点検は、目視やたたき点検などの方法により、**腐食**（図4・26）、**き裂**（図4・27）、ゆるみ・

解説 ♦ EPMAによる分析

表4・13で紹介したEPMAによる分析について補足説明します。化学的侵食が生じた構造物からコアなどを採取し、試料とします。コンクリート中のカルシウム、アルミニウム、硫黄などの分布から、エトリンガイド（石こうと水が反応して生成される水和物で、セメント硬化体を膨張させる性質を有しています）や劣化を生じさせている物質の分布を画像などによって表現することができます。その分析によって、劣化を生じさせている物質は何であるか、劣化を生じさせている物質がコンクリート中にどのように分布しているのかなどについて、把握することができます。図の(a)は元素の濃度分布により、色を変化させたものです。

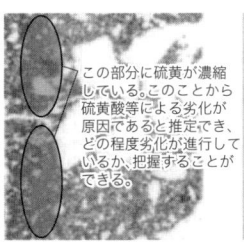

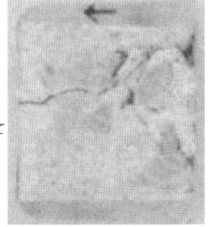

(a)元素の濃度分布　(b)調査対象試料

EPMA法による分析の例（JSCE-G-574「EPMA法によるコンクリート中の元素の面分析方法（案）」）

表4・15　床版の疲労ひび割れに関する構造物の外観上のグレードと劣化の状態

グレード	劣化の状態
潜伏期（状態Ⅰ）	一方向ひび割れが見られる
進展期（状態Ⅱ）	二方向ひび割れが見られる
加速期（状態Ⅲ）	ひび割れが網細化し、角落ちが見られる
劣化期（状態Ⅳ）	ひび割れが床版を貫通し、著しい漏水や床板の陥没が見られる

図4・26　腐食した鋼桁の例

脱落、変形（図4・28）などの変状の発見を目的に行われます。

初期点検は、定期点検と同じ内容で行われます。鋼製橋梁の場合、日常点検では、路面の状況、排水の良否、伸縮装置の状態などを、主として目視や車上感覚によって調べます。定期点検では、上記の腐食、き裂、ゆるみ、折損、変形、破断、防食機能の劣化について調べます。

例えば図4・26は、桁端部の伸縮装置からの漏水が原因でさびが発生し、層状剥離さびまで進行したものです。層状剥離さびとは、鋼材が層状にはがれるような状態のさびのことをいい、腐食がかなり進行した状態です。

図4・27は、下フランジに溶接されたソールプレート（主桁下フランジと支承部の間に荷重を均一に作用させるために取り付けられた鋼板）のすみ肉溶接部から疲労き裂が発生し、下フランジをき裂が貫通した事例です。

図4・28は、兵庫県南部地震（1995年、神戸）で被災したアーチ系橋梁の座屈した横つなぎ材を示しています。設計で想定していない大きな外力が作用することによって大きな変形が発生しました。

2 変状種類ごとに異なる詳細調査の方法

各種の点検により、進行のおそれのある変状や異常が発見された場合には、詳細調査が行われます。以下にそれぞれの変状に対する調査方法について説明します。

①腐食に対する詳細調査

腐食は普通鋼材では、集中的にさびが発生している状態、またはさびが極度に進行し断面減少を生じている状態（断面がやせ細っている状態）を指します。**耐候性鋼材**では、**安定さび**が形成されず、異常なさびが生じている場合や極度なさびの進行により断面減少が生じている状態を指します。一般に、断面減少を伴うさびの発生を腐食と呼び、断面減少を伴わない軽微なさびの発生は防食機能の劣化と呼びます。

図4・27 ソールプレート周辺にき裂が発生した橋梁

図4・28 局部座屈した横つなぎ材

表4・16 板厚測定法の比較

板厚測定法	特徴	前処理の有無
機械式測定法	・高精度 ・計測機器は軽量・可搬性に優れ、安価である	塗膜、さびの除去などの前処理が必要
超音波法	・板厚を直接知ることができる ・簡単な作業により結果が即座に得られる	塗膜、さびの除去などの前処理が必要
レーザー法	・プロセスが煩雑 ・誤差が混入する余地が高い ・計測精度は非常に高い	塗膜、さびの除去などの前処理が必要
画像計測法	・計測精度を一義的に定めることが困難 ・極めて簡易な作業で計測が行える ・非接触で、一度に比較的広範囲の計測を行うことができる ・平均板厚の評価には適用可能	浮きさびの除去などの前処理が必要
レプリカ法	・非破壊で表面状態を計測できる	表面のごみ、油、さびなどの除去が必要

（出典：㈳土木学会『腐食した鋼構造物の耐久性照査マニュアル』鋼構造シリーズ18、丸善、2009）

腐食は、水のたまりやすい部位（桁端部や下フランジ）、塩分に常にさらされる部位（海岸から近い位置に存在する場合や凍結防止剤をよく使用する場合など）によく発生します。

腐食損傷度の調査は目視と板厚測定（表4・16）が中心です。目視調査は腐食の概要の把握と板厚測定箇所の特定のために行われます。目視調査では、さび、割れ、はがれ、退色、ふくれ、白亜化、よごれなどを記録します。一般に、調査者によるばらつきを抑えるために、標準的な写真や見本図と比較しながら行います。

板厚測定では、腐食量が定量的に評価されます。板厚測定箇所は、腐食状況、経過年数、初期板厚を考慮して決定しなければなりません。そして、これらの調査結果をもとに腐食速度を評価し、将来の腐食量の予測に役立てます。『腐食した鋼構造物の耐久性調査マニュアル』（土木学会）には、各種鋼構造物における腐食劣化度の判定方法や構造物としての評価法がまとめられています。

板厚測定法にはノギス（図4・29）やマイクロメータ（図4・30）などによる機械式測定法、超音波を用いる超音波法、レーザー変位計（図4・31）を用いる方法、デジタル写真測量技術を用いた3次元形状計測などに代表される画像計測法、石こうまたはシリコン樹脂で型をとり、その型を撮影しその写真から正確に計測するレプリカ法などがあります（表4・16）。

②き裂に対する詳細調査

き裂は、応力集中が生じやすい、部材の断面急変部や溶接部の近傍（図4・27）で多く発生します。特に、鋼材内部に発生することもあり、外観性状のみから発見することが困難な場合もあります。また、き裂は、溶接部近傍の表面がなめらかでない部位における表面傷、さびによる凹凸の陰影、塗膜の割れなどと似ており、見分けがつきにくいことがよくあります。

疲労き裂損傷に関する主な診断のポイントは、き裂の発見とその長さ、および進展の有無の判断です。

一般の点検業務のなかで疲労き裂、もしくは疲労き裂が原因と思われる塗膜の割れなどを発見することが重要です。そのためには、疲労き裂が発生しやすい部位などについて理解したうえで効率的な点検を行い、疲労損傷を見逃さないようにしなければなりません。これまでに発生した疲労損傷の部位は、

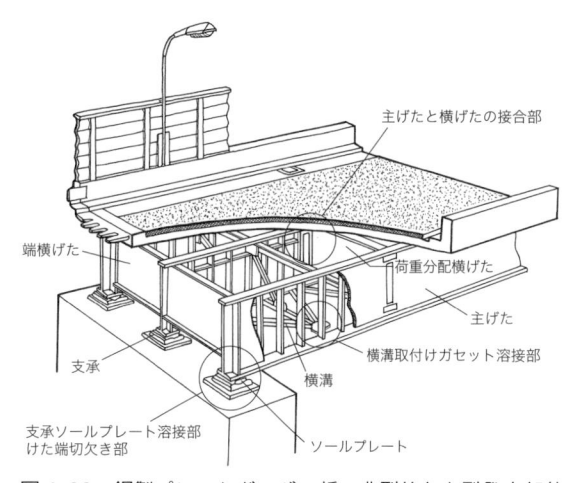

図4・32　鋼製プレートガーダー橋の典型的なき裂発生部位
（出典：『鋼橋の疲労』㈳日本道路協会、1997年5月、pp.34-35）

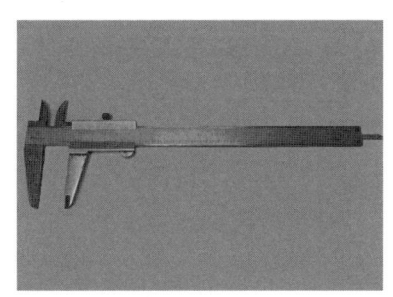

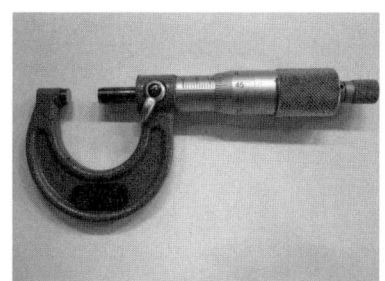

図4・29　ノギス　　図4・30　マイクロメータ　　図4・31　レーザー変位計

例えば図4・32のように類型化されており、これらを参考にすることができます。

き裂や塗膜割れが発見された場合、それがき裂であるかどうか、進展性があるかどうかについて、判断が難しい場合に詳細調査を行います。詳細調査としては、表4・17に示すようなカラーチェック（浸透探傷試験）、磁粉探傷試験（じふんたんしょうしけん）、渦流探傷試験（かりゅうたんしょうしけん）、超音波探傷試験などの**非破壊検査手法**が用いられます。なかでも磁粉探傷試験と浸透探傷試験が最もよく用いられます。

しかし、上記2つの方法は、表面き裂の発見には適していますが、内部き裂を発見することはできません。そのため、内部き裂の発見には、超音波探傷試験もしくは放射線透過試験が行われます。これらの非破壊試験は、専門性が高く、いずれも所定の資格を有した検査員が適切な手順に従って実施しなければなりません。

③ゆるみ・脱落に対する詳細調査

ボルトの脱落は目視により調査します。ボルトのゆるみも明らかな場合は目視で確認できますが、そうでない場合は、**点検ハンマー**を用いた、いわゆる「たたき点検」や、超音波軸力計などを用いた非破壊試験が行われます。

④変形・破断に対する詳細調査

変形については、変形の位置、範囲、形状、量を調査します。破断は、部材が完全に破断している状態、もしくは、破断していると見なせるような状態をいいます。変形・破断は目視により調査します。

⑤防食機能の劣化に対する詳細調査

塗装された部材、めっきや金属溶射された部材については、変色、ひび割れ、ふくれ、はがれなどが生じているかどうかを目視により調査します。耐候性鋼材については、目視により、安定さび（3②1、p.37参照）が形成されているかどうかを調査します。

表4・17 き烈の詳細調査方法の比較

種類	概要	長所	短所
磁粉探傷試験 JIS G 0565	・き裂部分に磁粉を吹き付けた後、電磁石や永久磁石により磁界を発生させ、そこに滞留した磁粉（一般に蛍光磁粉を用いる）に紫外線を照射して検出する	・表面き裂の形状および寸法の測定精度に優れる ・微細なき裂の長さを測定するのに有効である	・内部欠陥は検出できない ・塗膜を除去する必要がある ・表面凸凹が著しい場合には結果の判定を誤りやすい
渦流探傷試験 JIS G 0568	・交流を流したコイルに電磁誘導によって発生する渦電流が、き裂の存在によって変化することを電気信号として探知し、信号の振幅および位相から損傷部の程度を把握する	・表面に現れたき裂の検出に適している ・塗膜上からの検査が可能 ・検査時間が短い	・内部欠陥は検出できない ・正確な寸法の測定は困難である
浸透探傷試験（カラーチェック）JIS Z 2343	・き裂発生部分に塗料を吹き付け、き裂内に浸透させた後、定着液で塗料を固定し損傷部を浮き上がらせる ・き裂の検出精度を高めるためには、浸透液の浸込み、定着に時間を要する	・表面に現れたき裂の検出に適している ・他の探傷試験と比べて電源の供給を必要とせず、用意する器具が少なく簡便である	・塗膜の除去が必要 ・内部欠陥は検出できない ・き裂面への浸透液の浸込みが十分できないことから、小さなき烈の検出は困難である ・表面凸凹が著しい場合には結果の判定を誤りやすい
超音波探傷試験 JIS Z 3060	・鋼材表面に探触子をあて1〜5MHzの超音波を発信させ、き裂からのエコーを感知し、き烈を検出する	・溶接内部き裂の検査が可能である ・き裂の深さを測定できる	・き裂位置、大きさによって検出精度のばらつきが大きい ・検出精度が探傷技術者の経験、能力、特に疲労に対する知識等に左右される
放射線透過試験 JIS Z 3861	・X線を検査対象部に照射し、透過したX線の強さをフィルムで感知し、き裂を検出する	・欠陥の形状や大小、板厚に左右されない ・結果をフィルムに残すことができる	・人体に有害な放射線であり、取り扱いに注意が必要である ・X線作業主任者の指導のもと実施しなければならない

（参考）専門家による目視：塗膜上から塗膜割れやさび汁の流出状態を観察し、き裂の有無を判断する。塗膜を除去するとかえってき烈の観察が難しくなるので注意を要する

4 構造物のモニタリング

ここまでは、構造物の点検・調査について説明しました。しかし、構造物を維持管理するうえでは、定期的な点検や調査以外に、構造物や部材の状態をリアルタイムまたは定期点検よりも比較的高い頻度で計測を行い、把握することが必要な場合があります。例えば長大橋梁などの重要な構造物である場合や、複雑な劣化・損傷がある場合ですが、これをモニタリングと呼びます（表4・18）。また、ヘルスモニタリングと称して、構造物の健全性を監視する維持管理手法として近年注目されています。

1 モニタリングの目的と種類

モニタリングの目的は、構造物の変位や変形、部材や構成材料のひずみ、コンクリート中への劣化因子の浸入状況、鋼材の腐食状況やき裂発生の有無などを随時または連続して把握することです。

モニタリングは、計測対象の構造物ごとに最適なデータを得るために、各種の計測機材を工夫して設置し計測します。その手法はさまざまですが、表4・18に代表的なものを紹介します。

①ひずみゲージによる計測

鋼板の表面にひずみゲージ（図4・33）を取り付け、時間の経過に伴う変化（経時変化）を数年にわたって測定し、劣化の進展の有無などを把握します。こ

表4・18　モニタリングの種類

種類	目的	概要
ひずみゲージによる計測	劣化の進展の有無などを把握する	ひずみゲージやコンタクトストレインゲージを躯体表面、補強材表面に貼付し、躯体または補強材の表面のひずみを計測する
光ファイバーセンサーを用いた計測	補強材の表面ひずみを計測する	光ファイバーセンサーが織込まれた繊維シート補強材を躯体表面に接着することにより、補強後の躯体のひずみを計測する
変位計を用いた計測	変形の進行の有無を把握する	変形を計測する箇所（例えば、進展性のひび割れ）に設置し、変形を計測する
自然電位法	鉄筋の腐食状況を推定する	鉄筋の自然電位を定期的に把握する。なお、手法は表4・3に示す。
分極抵抗法	鉄筋の腐食速度を推定する	鉄筋の分極抵抗を定期的に把握する。なお、手法は表4・3に示す。

---

episode ♣ 点検苦労話

構造物を点検するためには、対象物に接近する必要がありますが、この接近がなかなかやっかいな場合があります。

谷間に架かっている橋梁の橋台付近は、構造物のギリギリ間近まで樹木が繁っていることが多く、伐採などの除去作業が必要となるのです。この伐採作業では、点検前に伐採の許可を得なければなりません。

また、伐採が済み、やっと点検が行える状態になって構造物に接近しても、今度は土砂などに悩まされることも少なくありません。

梁上には伸縮装置からの土砂が堆積していたり、工事に伴って発生したと思われるコンクリートガラがあったりします。この場合、変状の有無を確認する前に、清掃が必要となります。この清掃も土砂が少量なら簡単ですが大量となると時間がかかるため、かなりの重労働です。

樹木の伐採が済み、橋梁の清掃を終えて、ようやく点検が行える頃には、すでに体力を使いきってしまうこともあり、点検作業もなかなか大変です。

（執筆：㈱共和メンテ　藤井康弘）

①現場は点検どころか樹木でいっぱい（汗）
②許可をとって、まずは伐採作業（汗）…土砂の山を発見（汗）
③ひどい時はトラック1台分の土砂が出ることも（汗）
④掃除を終え、やっと点検開始！（汗）

れは局部的な計測に適しています。ひずみゲージとは、コンクリートや鋼材の表面に貼り付けることにより、伸び・縮みなどの微少な変形を電気抵抗の変化として計測するセンサーのことです。

以下のようなケースにおいて、構造物の表面ひずみの経時変化を把握します。

- コンクリート構造物に対して、鋼板などによる補強対策を実施すると、内側のコンクリートの表面が点検できなくなるが、アルカリシリカ反応によるコンクリートの膨張などの劣化の進行が懸念される場合
- 鋼構造物に対して、現象が複雑で、発生している応力やひずみが不明確な場合
- 想定外の外力が構造物に作用する場合

②光ファイバーセンサーを用いた計測

連続繊維シートの表面に光ファイバーセンサーを取り付け、経時変化を測定し劣化の進展の有無などを把握します（図4・34、35）。ひずみゲージと比べ、やや広範囲にわたる計測が必要な時に適しています。

連続繊維シートによる接着工などで補強した構造物は、コンクリートの表面が観察できなくなるので定期的な点検などが困難となります。このような構造物において、補修時に面状光ファイバーセンサーを取り付けて、表面ひずみを定期的に計測することによって、アルカリシリカ反応によるコンクリートの膨張などの劣化の進行を把握することができると

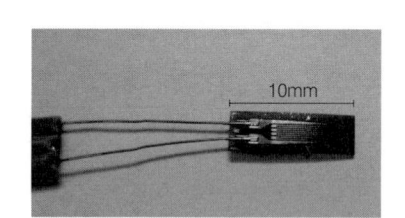

解説 ♠ ブリッジウェインモーション

主として鋼製橋梁ですが、橋梁を'はかり'として使い、橋梁に作用した自動車の軸重（車軸にかかる重さ）を、自動車を停止させずに推定することができます。これをブリッジウェインモーションといいます。具体的には、橋梁のいくつかの部材にひずみゲージを貼り、これらのひずみ応答をもとに、通過車両の軸重を逆問題として推定するものです。推定された軸重は、設計荷重と実際の交通荷重との差異を検討したり、これらのデータをもとに疲労寿命を予測することに使われます。

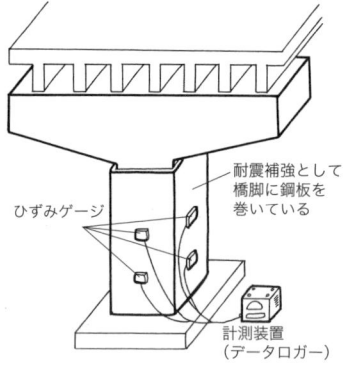

a) ひずみゲージ　　b) ひずみゲージの貼り付け位置の例　　c) ひずみゲージによる現場モニタリングの例

図4・33　ひずみゲージによるモニタリング

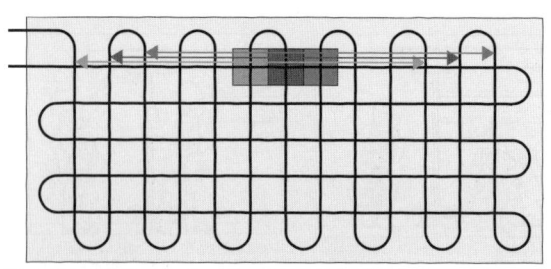

図4・34　光ファイバーセンサーの設置パターン

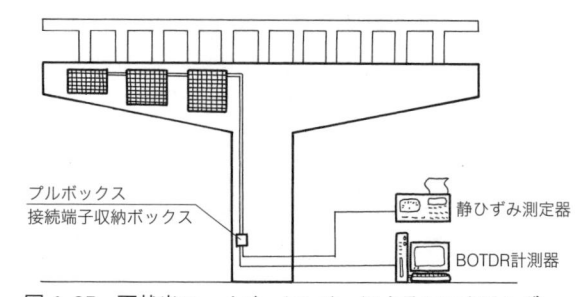

図4・35　面状光ファイバーセンサーによるモニタリング

考えられています。

③自然電位法、分極抵抗法による計測

鉄筋の自然電位を測定することにより、鉄筋の腐食の有無を把握します。また、分極抵抗を測定することにより、鉄筋の腐食速度の経時変化などを把握します。

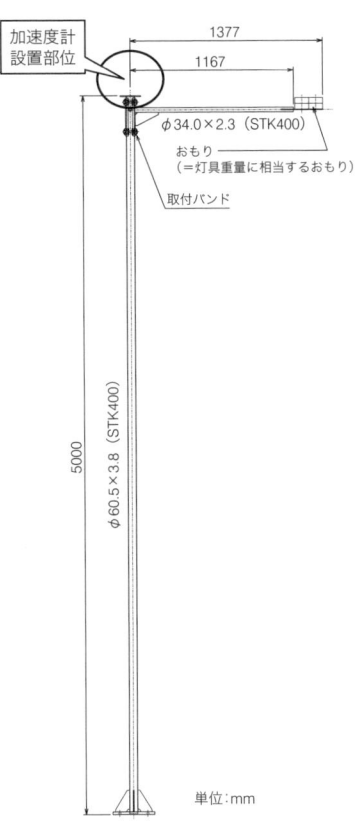

対象になるのは、沿岸部に近い場合や凍結防止剤が散布される場合などで、塩害による鉄筋の腐食が懸念される構造物に対して、鉄筋の自然電位（表4・5、図4・22）、分極抵抗の経時変化を把握します。

④加速度計による計測

構造物や部材に変状が発生すると、外力に対する構造物の振動のしかた（振動性状）に変化が現れます。すなわち、構造物や部材は、それ自体が1番揺

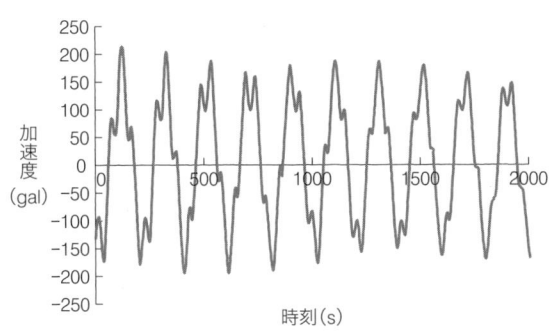

a）照明柱実験供試体（模型）全体図

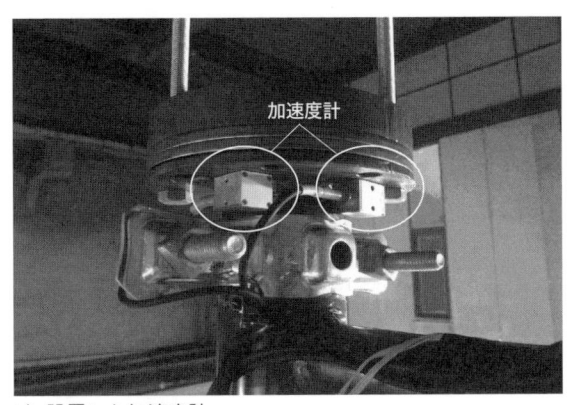

b）設置した加速度計

図4・36 加速度計の設置例

図4・37 計測された加速度波形の例

表4・19 モニタリングにおける主な計測量とそのセンサー

計測量	センサー	適用方法	評価
ひずみ	・ひずみゲージ ・コンタクトストレインゲージ	ひずみゲージを構造物躯体表面や補強材の表面に添付する	構造物の劣化や補強効果を、ひずみ計測により評価する
	光ファイバーセンサー	光ファイバーセンサーを構造物躯体表面や内部に設置する	構造物の劣化や補強効果を、ひずみ分布計測により評価する
変位	変位計	変位計を構造物に設置する	構造物の劣化や補強効果を変位計測により評価する
自然電位	照合電極	鉄筋を陽極側とし、コンクリートの表面（陰極側）に照合電極を接触させる	構造物中の鉄筋の腐食の有無を自然電位により評価する
分極抵抗	照合電極	自然電位法と同様に接続する	構造物中の鉄筋の腐食速度を分極抵抗により評価する
加速度	加速度計	加速度計を構造物に設置する	構造物の劣化などを加速度計測による固有振動数や固有振動モードの変化として評価する

れやすい固有の振動数（**固有振動数**）とその形状（**固有振動モード**）をもっており、構造物や部材に変状が発生するとこれらに変化が現れるのです。したがって、構造物や部材の変状を調べる目的で、構造物の振動性状をモニタリングする場合があります。固有振動数は、対象とする構造物の剛性と質量によって決まり、質量が大きくなれば固有振動数は小さくなり、剛性が大きくなれば大きくなります。

　振動性状を計測する場合には、一般的に**加速度計**を用い、加速度を時間とともに刻々と計測します。これを動的計測といいます。加速度による振動計測は、変位が大きくない場合にでも有効であり、よく用いられます。図4・36は、照明柱の実験供試体に加速度計を設置した例です。図4・37は設置した加速度計で振動加速度を計測した際の加速度の時刻歴波形です。時刻歴波形とは横軸に時間を、縦軸に応答値をプロットしたものであり、振動現象の時間的な変化（揺れの大きさや速さ、揺れ方など）を捉えることができます。この図より、時間とともに最大加速度が小さくなっており、振動がしだいに小さくなっていることがわかります。これを振動の減衰といい、構造物もしくは部材の損傷・劣化が大きくなると早く減衰します。

　表4・19には、構造物のモニタリングにおける主な計測量とそのセンサーおよび評価についてまとめています。これらの計測量から、構造物におこっている変化とその程度を知ることができます。

参考文献
1)　㈳土木学会『腐食した鋼構造物の耐久性照査マニュアル』鋼構造シリーズ18、丸善、2009

5章
劣化予測・評価の方法

　点検・調査、モニタリングなどで得られた情報から、構造物の劣化予測ならびに性能評価を行います。補修・補強対策を実施するには構造物の保有する性能を評価していなければ、適切な対策を実施することはできません。医者が処方箋を書くために、患者の容態を正しく把握する必要があるのと同様に、構造物を長寿命化させるためには、劣化予測、性能評価を正しく行うことが重要なのです。

　ここでは、材料の劣化がどのように進行するのか予測することを「劣化予測」、劣化の状況を考慮して構造物や部材の性能を明らかにすることを「性能評価」と呼ぶことにします。

1 コンクリート構造物の劣化予測

　塩害や中性化により劣化した構造物は、4 2 で示したように劣化の状態から、外観上のグレードとして潜伏期、進展期、加速期前期、加速期後期、劣化期に判定されます。

1 塩害により劣化したコンクリート構造物

　4 2 「コンクリート構造物の点検の方法」で学んだ詳細調査の結果を用いた劣化予測手法を紹介します。

　現在の技術では、**塩化物イオン濃度**の調査結果から、鉄筋などコンクリート中の**鋼材位置（周辺）のコンクリート**が、腐食が発生する限界塩化物イオン濃度（鋼材が腐食し始める可能性がある塩化物イオン濃度。土木学会『コンクリート標準示方書（2007年版）』では、**腐食発生限界塩化物イオン濃度**は、$1.2 kg/m^3$ としています）に達する時期（進展期に達するまでの期間）を予測できます（図5・1）。その結果から鋼材が腐食し始める時期を推定することができます（図5・2）。

①塩化物イオンの拡散の予測──拡散方程式

　腐食発生限界塩化物イオン濃度に達する時期を予測するには、コンクリート中の塩化物イオンの拡散速度を予測する必要があります。塩化物イオンの拡散の予測には、いくつかの手法がありますが、一般的に用いられるのが「拡散方程式」による手法です。

　コンクリート中の塩化物イオンの移動は、**フィックの第2法則**に基づいた**拡散方程式**を用いて算定します。それをコンクリート表面の塩化物イオン濃度

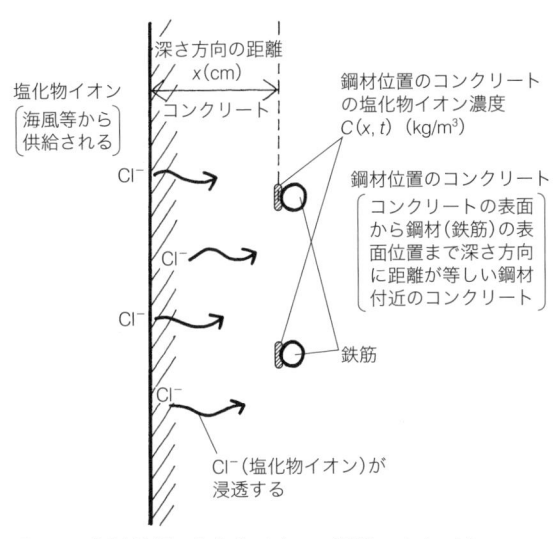

図5・1　鋼材位置の塩化物イオンの浸透のイメージ

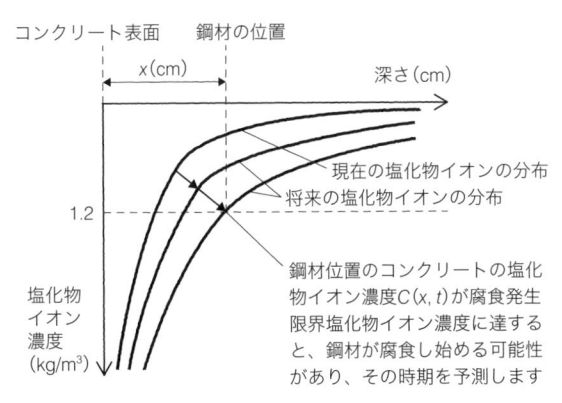

図5・2　塩化物イオンの濃度分布

を一定として解いたものが式 (5.1) であり、最もよく用いられています。式 (5.1) はコンクリート表面からの深さ x (cm)、時刻 t (年) における塩化物イオン濃度 (kg/m³) を算定します。

$$C(x,t) = \gamma_{cl} \cdot C_0 \left(1 - erf \frac{x}{2\sqrt{D_{ap} \cdot t}}\right) \quad (5.1)$$

ここに、$C(x,t)$：深さ x (cm)、時刻 t (年) における塩化物イオン濃度 (kg/m³)

C_0：コンクリート表面における塩化物イオン濃度 (kg/m³)

D_{ap}：塩化物イオンの見かけの拡散係数 (cm²/年)

γ_{cl}：予測の精度に関する安全係数（一般には 1.0 を用いて良い）

erf：誤差関数

$$erf(y) = \frac{2}{\sqrt{\pi}} \int_0^y e^{-\eta^2} d\eta \quad (5.2)$$

式 (5.1) 中の誤差関数 (erf) に関しては、表 5・1 の数値表を用いても良いでしょう。

詳細調査により、塩化物イオン濃度を把握している場合には、式 (5.3) から塩化物イオンの見かけの拡散係数 D_{ap} と表面における塩化物イオン濃度 C_0 が算出できます。

塩化物イオンが拡散する程度は拡散係数という指標で評価しますが、コンクリート中では、塩化物イオンがすべて拡散という形で浸透するとは限らないため、**見かけの拡散係数**という表現を用います。

$$C(x,t) - C_i = C_0 \left(1 - erf \frac{x}{2\sqrt{D_{ap} \cdot t}}\right) \quad (5.3)$$

ここに、C_i：初期含有塩化物イオン濃度 (kg/m³)

また、塩化物イオン濃度の調査結果がない場合には、土木学会『コンクリート標準示方書 (2007年版)』を参照し、塩化物イオンの見かけの拡散係数として普通ポルトランドセメントを使用した場合は式 (5.4) を、高炉セメントを使用した場合は式 (5.5) を用いても良いでしょう。

$$\log_{10} D_{ap} = -3.9(W/C)^2 + 7.2(W/C) - 2.5 \quad (5.4)$$

$$\log_{10} D_{ap} = -3.0(W/C)^2 + 5.4(W/C) - 2.2 \quad (5.5)$$

表 5・1　erf (誤差関数) 数値表

y	erf (y)
0.00	0.00
0.05	0.06
0.10	0.11
0.15	0.17
0.20	0.22
0.25	0.28
0.30	0.33
0.35	0.38
0.40	0.43
0.45	0.48
0.50	0.52
0.55	0.56
0.60	0.60
0.65	0.64
0.70	0.68
0.75	0.71
0.777	0.7232
0.80	0.74
0.85	0.77
0.90	0.80
0.95	0.82
1.00	0.84
1.10	0.88
1.20	0.91
1.30	0.93
1.40	0.95
1.50	0.97
1.60	0.98
1.80	0.99
2.00	1.00

(出典：『コンクリート診断技術〔基礎編〕』(社) 日本コンクリート工学協会)

解説 ♠ 塩化物イオン濃度とは

コンクリートの塩化物イオン濃度は、体積 1m³ のコンクリートに含まれる塩化物イオンの質量 (kg) で表され、単位は kg/m³ になります。現在は、コンクリート製造時においては、塩化物イオン濃度を 0.3 kg/m³ 以下になるように規制されています。セメントは塩化物イオンと水和反応を起こし、「フリーデル氏塩」という水和物（固体）を形成し、鋼材の腐食に対して影響がない安定した状態に留める能力を有しており、ある程度の量であれば、塩化物イオンを無害な形で封じ込めることができるのです。規制値はじゅうぶんに安全余裕を見たものとなっています。

表 5・2　表面における塩化物イオン濃度 C_0 (kg/m³)

		飛沫帯	海岸からの距離（km）				
			汀線付近	0.1	0.25	0.5	1.0
飛来塩分が多い地域	北海道 東北 北陸 沖縄	13.0	9.0	4.5	3.0	2.0	1.5
飛来塩分が少ない地域	関東 東海 近畿 中国 四国 九州		4.5	2.5	2.0	1.5	1.0

＊飛沫帯：満潮時に海水中に入らないが、波しぶきがかかる箇所
＊汀線：海面と陸地との境界線

解説 ♠ 初期含有塩化物イオン濃度とは

コンクリートを造るための細骨材（砂）として、海砂を使う際には、塩化物イオン濃度が規制値以下になるように、じゅうぶんに洗浄する必要があります。しかしながら、既設のコンクリート構造物のなかには、洗浄が不十分な海砂を使用している場合があり、コンクリートが造られた時点での塩化物イオン濃度（初期含有塩化物イオン濃度）が、現在の規制値 0.3 kg/m³ や腐食発生限界塩化物イオン濃度 1.2kg/m³ を超えていることがあります。既設構造物の塩化物イオン濃度を正確に予測するためには、調査によって初期含有塩化物イオン濃度を把握しておくことが重要になるのです。

ここに、D_{ap}：塩化物イオンの見かけの拡散係数（cm²/年）
　　　　W/C：水セメント比

また、沿岸部にある構造物については、表面における塩化物イオン濃度は表5・2を用いても良いでしょう。

②塩害による鋼材腐食の進行予測

通常、コンクリート中の鉄筋などの鋼材は、高アルカリ環境下に存在するため、鋼材表面に**不動態皮膜**が形成されています。しかし、塩化物イオンが腐食発生限界塩化物イオン濃度に達すると、この不動態皮膜は破壊され鋼材の腐食が開始します。

前述した式(5.1)を用いて、鋼材位置のコンクリートの塩化物イオン濃度を算定します。塩化物イオン濃度が、腐食発生限界塩化物イオン濃度に達した時点（時間（年））において、鋼材が腐食する（進展期に移行する）可能性があると判定します。

塩害により劣化したコンクリート構造物における劣化予測手法のフローを図5・3に示します。

```
┌─────────────────┐      ┌─────────────────┐
│塩化物イオン調査結果│      │塩化物イオン調査結果│
│あり              │      │なし              │
└────────┬────────┘      └────────┬────────┘
         ↓                         ↓
┌─────────────────┐      ┌─────────────────┐
│式(5.3)から        │      │式(5.4)、式(5.5)から│
│$C_0$、$D_{ap}$の算出│    │$D$の算出          │
└────────┬────────┘      └────────┬────────┘
         │                         ↓
         │               ┌─────────────────┐
         │               │表5・2から         │
         │               │$C_0$の算出        │
         │               └────────┬────────┘
         ↓                         ↓
┌──────────────────────────────────────┐
│式(5.1)から鋼材位置の塩化物イオン濃度      │
│$C(x,t)$の算出                          │
└────────────────┬─────────────────────┘
                 ↓
┌──────────────────────────────────────┐
│$C(x,t)$＜腐食発生限界塩化物イオン濃度$C$  │
│→腐食する可能性は低い                    │
│$C(x,t)$≧腐食発生限界塩化物イオン濃度$C$  │
│→腐食し始める可能性がある                 │
└──────────────────────────────────────┘
```

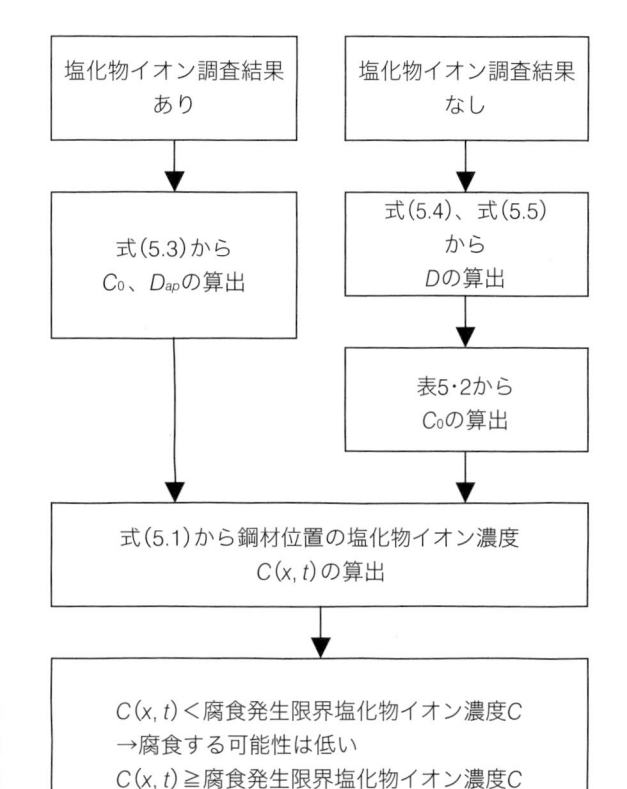

図5・3　塩害により劣化したコンクリート構造物における劣化予測手法のフロー

例題　塩害による劣化予測

鉄筋コンクリート構造物が建設されてから6年経過後に塩化物イオン含有量試験（表4・3、p.58参照）を実施しました。その結果から鉄筋（かぶり深さ5cm）が腐食する可能性のある時期を予測しましょう。

解答

ここでは、実構造物におけるコンクリート中の全塩化物イオン分布の測定方法（案）（『コンクリート標準示方書 JSCE-G573-2007』に基づいた事例

を示します。)

○塩化物イオン含有量試験の結果

試験の実施時期：建設後 $t = 6$（年）

表面からの各深さにおける塩化物イオン濃度

深さ 3.0（cm）位置：$C(3.0, 6) = 1.8$（kg/m³）

深さ 4.0（cm）位置：$C(4.0, 6) = 1.2$（kg/m³）

深さ 5.0（cm）位置：$C(5.0, 6) = 0.7$（kg/m³）

深さ 6.0（cm）位置：$C(6.0, 6) = 0.4$（kg/m³）

深さ 7.0（cm）位置：$C(7.0, 6) = 0.2$（kg/m³）

調査結果から式（5.3）の表面塩化物イオン濃度 C_0 と見かけの拡散係数 D_{ap} を算定します。なお、構造物が建設時に塩化物イオンを含む場合は初期塩化物イオン濃度 C_i を考慮します（この例題では $C_i = 0$ とします）。

式（5.3）より、

$$C(x, t) - C_i = C_0 \left(1 - erf \frac{x}{2\sqrt{D_{ap} \cdot t}}\right)$$

ここでは、塩化物イオン濃度 C（kg/m³）は、表面からの深さ x（cm）の2次関数 $a + bx + cx^2 = C$ で表現できると仮定し、回帰分析を行います。

$a + bx + cx^2 = C$ を $aX + bY + cZ = C$ に置き換えて、計算します。

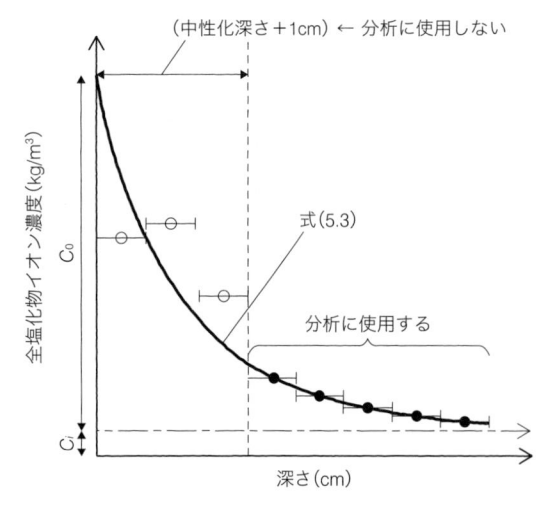

C (kg/m³)	X 1	Y x (cm)	Z x²	XX 1·1	XY 1·x	XZ 1·x²	YY x·x	YZ x·x²	ZZ x²·x²	XC 1·C	YC x·C	ZC x²·C
1.8	1	3	9	1	3	9	9	27	81	1.8	5.4	16.2
1.2	1	4	16	1	4	16	16	64	256	1.2	4.8	19.2
0.7	1	5	25	1	5	25	25	125	625	0.7	3.5	17.5
0.4	1	6	36	1	6	36	36	216	1296	0.4	2.4	14.4
0.2	1	7	49	1	7	49	49	343	2401	0.2	1.4	9.8
				5	25	135	135	775	4659	4.3	17.5	77.1

上記の表から、下記の3式が導かれます。

$5a + 25b + 135c = 4.3$

$25a + 135b + 775c = 17.5$

$135a + 775b + 4659c = 77.1$

3式から a、b、c を求めると、$a = 4.50$、$b = -1.11$、$c = 0.07$

$4.50 - 1.11x + 0.07x^2 = C$

したがって、表面からのかぶり深さ $x = 0$（cm）の時は、$C_0 = 4.5$（kg/m³）。

次に、$C_0 = 4.5$（kg/m³）として、D_{ap} を算定すると、

$C(3.0, 6) = 1.8$ の時　$D_{ap} = 1.042$（cm²/年）

$C(4.0, 6) = 1.2$ の時　$D_{ap} = 1.096$（cm²/年）

$C(5.0, 6) = 0.7$ の時　$D_{ap} = 1.021$（cm²/年）

$C(6.0, 6) = 0.4$ の時　$D_{ap} = 1.025$（cm²/年）

$C(7.0, 6) = 0.2$ の時　$D_{ap} = 0.998$（cm²/年）

5点の平均値として算定すると、$D_{ap} = 1.04$（cm²/年）となります。

ここで算定された C_0、D_{ap} を式（5.1）に代入します。式（5.1）より、

$$C(x, t) = \gamma_{cl} \cdot C_0 \left(1 - erf \frac{x}{2\sqrt{D_{ap} \cdot t}}\right)$$

$$C(x, t) = \gamma_{cl} \cdot 4.5 \left(1 - erf \frac{x}{2\sqrt{1.04 \cdot t}}\right)$$

予測の精度に関する安全係数 $\gamma_{cl} = 1.0$

鉄筋のかぶり深さ $x = 5.0$（cm）

$$C(x, t) = 1.0 \times 4.5 \left(1 - erf \frac{5.0}{2\sqrt{1.04 \cdot t}}\right)$$

時刻 t に予測したい年数（建設されてからの年数）を代入し、塩化物イオン濃度を算定すると、下記の表が得られます。

試料採取深さと全塩化物イオン濃度の関係

鋼材位置における塩化物イオン濃度の変化（kg/m³）

時刻 t	8年	9年	10年	15年	20年
C	1.0	1.1	1.2	1.7	2.0

そこで、鋼材の腐食発生限界塩化物イオン濃度を 1.2kg/m³ とすると、建設されてから10年目に $C(5.0, 10) = 1.2$ となるため、鉄筋が腐食し始める可能性があると判定されます。

注）中性化が進行しているコンクリート中では塩化物イオン濃度の分布が変化する。特に、コンクリート表層部分の塩化物イオン濃度は低下するが、中性化フロント（先端部）での塩化物イオン濃度は逆に増加します。このことから、実構造物におけるコンクリート中の全塩化物イオン分布の測定方法(案)(JSCE-G573-2007)では、見かけの拡散係数などを算出する場合には（中性化深さ＋1cm）の範囲の塩化物イオンの測定値は用いないことと規定しています。

2 中性化により劣化したコンクリート構造物

4 2 「コンクリート構造物の点検の方法」で学んだ詳細調査の結果を用いた劣化予測手法を紹介します。

多くの研究成果や調査結果から、**中性化残り**（**かぶり**と**中性化深さ**の差、図 5・4）が 10mm 以下になると腐食している事例が急激に増加していることが知られています。

コンクリート中のpHは12〜13程度ですが、pHが10〜11程度まで低下すると、鋼材の不動態皮膜が失われ、酸素と水分の供給により腐食が進行します。中性化残り 10mm 程度の状態がそれに対応するため、腐食開始の判定は中性化残り 10mm とされています（ただし、コンクリート中に塩化物が含まれている場合、腐食開始の判定は中性化残り 25mm とされています）。

①中性化の進行予測——$\sqrt{t}$則

通常の中性化の進行速度は、コンクリート中における二酸化炭素の移動速度と空隙中の水分のpH保持能力によって決まります（図 5・4）。

考慮すべき環境条件としては、温度、湿度、降雨頻度、日射、交通量（排気ガス）などが挙げられます。また、コンクリート空隙中の水分のpH保持能力は、水酸化カルシウム量で決まります。

以上のことから、これらの影響を適切に評価して予測に取り込む必要があります。

中性化の予測には、いくつかの手法がありますが、一般的に用いられる $\sqrt{t}$ 則について説明します。

中性化深さは式 (5.6) に示すように中性化期間の平方根に比例します。

$$y = b\sqrt{t} \tag{5.6}$$

ここに、y：中性化深さ（mm）
t：中性化期間（年）
b：中性化速度係数（mm/$\sqrt{年}$）

中性化深さの詳細調査を実施している場合には、式 (5.6) に中性化深さと中性化期間を代入し、**中性化速度係数**を算出し、その後の予測を行います。

同一構造物であっても、測定部位によって中性化深さや中性化速度係数が大きく異なる場合には、部位ごとに中性化速度が異なるものとして扱うことが必要です。

また、中性化深さの調査結果がない場合には、中性化の進行の予測には、対象となる構造物と同じ、あるいは、類似した材料、配合、環境条件を対象とした式を用いることが望ましいですが、そのような式がない場合には、以下の式 (5.7) を用います。

$$y = (-3.57 + 9.0W/B)\sqrt{t} \tag{5.7}$$

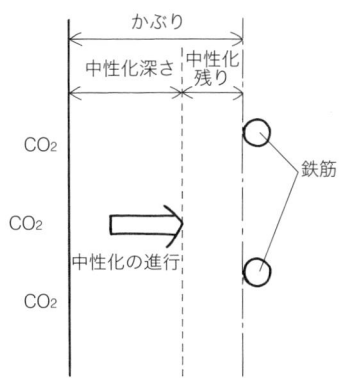

図 5・4 中性化の進行イメージ

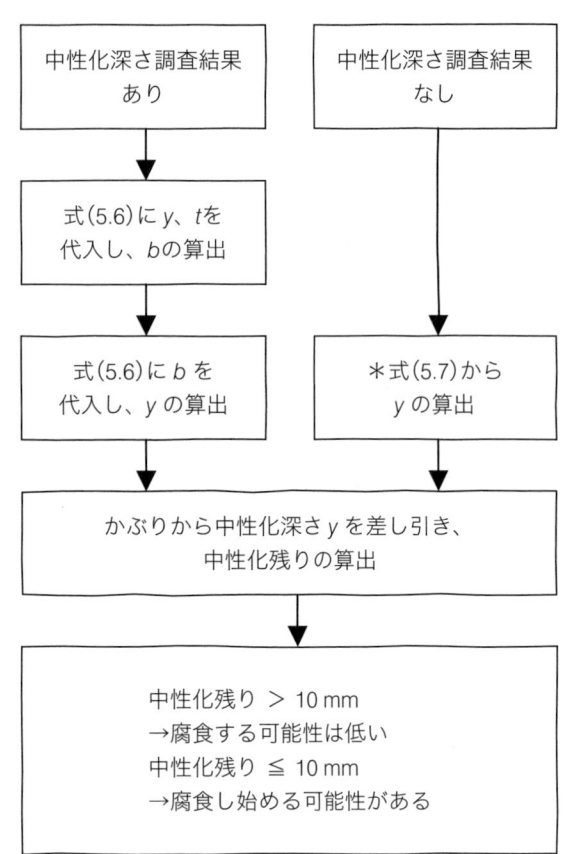

```
┌─────────────────┐      ┌─────────────────┐
│ 中性化深さ調査結果 │      │ 中性化深さ調査結果 │
│      あり       │      │      なし       │
└────────┬────────┘      └────────┬────────┘
         ▼                        │
┌─────────────────┐               │
│ 式(5.6)に y、t を │               │
│ 代入し、b の算出  │               │
└────────┬────────┘               │
         ▼                        ▼
┌─────────────────┐      ┌─────────────────┐
│ 式(5.6)に b を   │      │  *式(5.7)から    │
│ 代入し、y の算出  │      │    y の算出     │
└────────┬────────┘      └────────┬────────┘
         └────────────┬───────────┘
                      ▼
       ┌────────────────────────────┐
       │ かぶりから中性化深さ y を差し引き、│
       │     中性化残りの算出         │
       └──────────────┬─────────────┘
                      ▼
       ┌────────────────────────────┐
       │ 中性化残り > 10 mm           │
       │ →腐食する可能性は低い         │
       │ 中性化残り ≦ 10 mm           │
       │ →腐食し始める可能性がある     │
       └────────────────────────────┘
```

*注：類似の材料、配合、環境条件を対象とした式を用いることが望ましいが、無ければ式(5.7)を用いる

図5・5 中性化により劣化したコンクリート構造物における劣化予測手法のフロー

ここに、W/B：有効水結合材比
$$= W/(C_P + k \cdot A_d)$$

W ：単位体積あたりの水の質量（kg）

B ：単位体積あたりの有効結合材の質量（kg）

C_P ：単位体積あたりのポルトランドセメントの質量（kg）

A_d ：単位体積あたりの混和材の質量（kg）

k ：混和材の影響を表す係数
フライアッシュの場合：$k = 0$
高炉スラグ微粉末の場合：$k = 0.7$

②中性化による鋼材腐食の進行予測

前述した式(5.6)を用いて、中性化深さを求めま

episode ♣ 簡易な劣化予測法

本章では、塩害や中性化によって劣化したコンクリート構造物の劣化予測を紹介しました。コンクリート構造物の変状を確認し、劣化予測を行い、性能を評価したうえで対策の検討を行う性能評価型維持管理では、劣化予測は欠かせません。

しかし、すべての劣化現象に対して、定量的に評価できる劣化予測手法が確立されているわけではありません。また、性能を定量的に評価することは多くのコストと時間がかかる場合もあります。

そこで、目視による点検結果から簡易的に健全度を点数化するなど（主桁や床版などの部材ごとに100点満点などで点数化する場合もあります）により評価し、その結果から統計処理による劣化予測を行い、対策（修繕計画）を立てる手法があります。

現在、この対策計画手法が長寿命化修繕計画と呼ばれ、市町村道を始め各行政機関における橋梁などの維持管理手法の1つとして、用いられています。

す。かぶりと中性化深さの差である中性化残りを算定します。中性化残りが10mm以下となった時点（時間 t（年））において、鋼材が腐食する（進展期に移行する）可能性があると判定します（図5・5）。

【例題】中性化による劣化予測

鉄筋コンクリート構造物が建設されてから30年経過後にフェノールフタレイン法による中性化深さの試験（表4・7、p.60参照）を実施しました。その結果から鉄筋（かぶりの最小値5cm）が腐食する可能性のある時期を予測してみましょう。

【解答】

○フェノールフタレイン法（JIS A 1152）の結果

建設後 t（年）における中性化深さの測定値の平均 y（mm）を以下に示します。

$t = 30$（年）、$y = 32$（mm）
$t = 32$（年）、$y = 32$（mm）
$t = 34$（年）、$y = 35$（mm）

これらの測定結果から式(5.6)を用いて、中性化速度係数を算出します。

式 (5.6) より

$$y = b\sqrt{t}$$

$t = 30$（年）、$y = 32$（mm）の時：
　　$b = 5.84$（mm/$\sqrt{年}$）

$t = 32$（年）、$y = 32$（mm）の時：
　　$b = 5.66$（mm/$\sqrt{年}$）

$t = 34$（年）、$y = 35$（mm）の時：
　　$b = 6.00$（mm/$\sqrt{年}$）

各測定値から算出される値には、ばらつきがありますが、ここでは平均値として中性化速度係数を算定すると、$b = 5.83$（mm/$\sqrt{年}$）となります。算出された中性化速度係数を式 (5.6) に代入します。

$$y = 5.83\sqrt{t}$$

時刻 t に予測したい年数（建設されてからの年数）を代入し、中性化深さを算定し、かぶりの最小値5cmと中性化深さ y の差である中性化残りを算出すると、下記の表が得られます。

中性化深さ等の試算結果（mm）

t	40年	45年	47年	50年
y	36.9	39.1	40.0	41.2
中性化残り	13.1	10.9	10.0	8.8

そこで、建設されてから47年目に中性化残りが10 (mm) となることから、鉄筋が腐食し始める可能性があると判定されます。

注1) 中性化速度係数の算出は、原理的には一度の測定で可能であるが、信頼性の高い値を得るには、数年おきに2～3回程度測定を行い、最小自乗法により算出するのが望ましい。
2) 同一構造物でも測定部位によって中性化深さや中性化速度係数が大きく異なる場合は、部位ごとに中性化速度が異なるものとして扱うことが必要である。

2 鋼構造物の劣化予測

ここでは、鋼構造物の代表的な劣化現象である疲労によるき裂を対象に、構造物にき裂が生じるまでの疲労寿命および一旦き裂が入ってからその進み具合を予測するき裂進展の予測手法を説明します。

1 疲労曲線（S-N曲線）による寿命予測

疲労強度（ある繰り返し回数で破壊する応力範囲）および疲労寿命 S は、横軸に疲労破壊に至る繰り返し数 N（疲労寿命）、縦軸に応力範囲をプロットした S-N 曲線を用いて評価します（図5・6）。応力範囲とは繰り返し作用する応力の最大値と最小値の差をいいます（図5・7）。

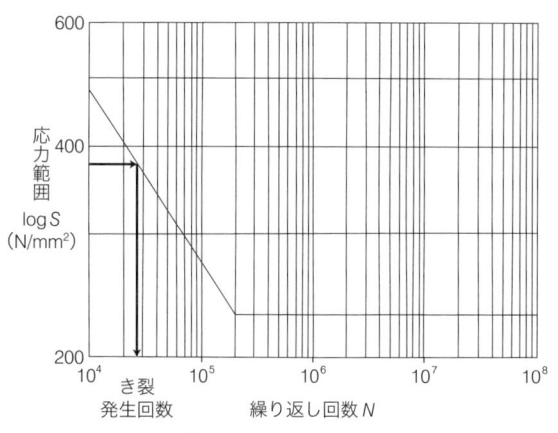

図5・6　S-N 曲線の例

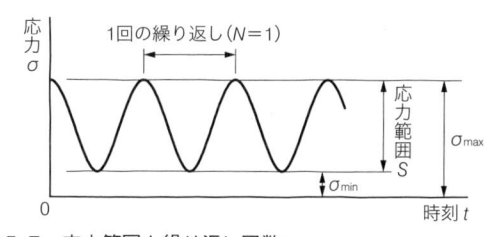

図5・7　応力範囲と繰り返し回数

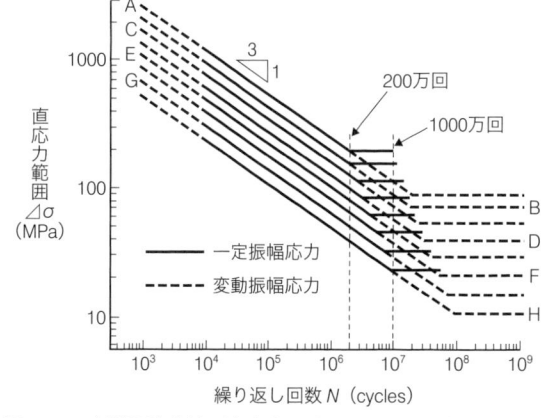

図5・8　疲労設計曲線（直応力を受ける継手）の例

S–N曲線は、縦軸に示される応力範囲において、横軸に示される繰り返し数の時にき裂が発生し、部材が破断することを表しています。

特に、設計に用いるS–N曲線のことを疲労設計曲線と呼んでいます。土木・建築系鋼構造物で広く用いられている疲労設計曲線の例（鋼構造物の疲労設計指針、直応力を受ける継手）を図5・8に示します。

一般に**応力範囲**が大きくなれば、疲労破壊に至る繰り返し回数は小さくなります。また、ある応力範囲以下では、疲労破壊しない限界の応力範囲が存在し、この応力範囲のことを**打ち切り限界**と呼んでいます。設計では、繰り返し回数200万回に対応する応力範囲を疲労強度の1つの目安としています。ただし、最近では、鋼製橋梁の疲労き裂が大きな問題となっていることから、1000万回を疲労強度の目安とする場合もあります。

2 疲労損傷の累積に基づく寿命予測

S–N曲線では一定の応力範囲に対して疲労設計曲線が決められていたのですが、実際には、必ずしも一定の応力範囲が繰り返し作用するわけではありません。例えば、大型車と小型車が橋梁上を通過した場合、当然、作用する応力の範囲は異なります。つまり、実際には、応力範囲が変動しながら、繰り返し作用するほうが一般的です（図5・9）。

このような場合の疲労強度および疲労寿命を評価する際に用いられるのが**累積疲労損傷度**と**線形累積被害則**です。

線形累積被害則は、ある応力範囲$\Delta\sigma_i$に対してN_i回で疲労寿命に達する場合、1回の繰り返し回数による疲労損傷度を$1/N_i$として、それぞれの応力範囲に対する疲労損傷度の和が一定値Dに到達した時に疲労寿命に達するとするものです。特に、$D=1$とした場合の線形累積被害則を**マイナーの累積被害則**といい、累積疲労損傷度の評価によく用いられます。

変動応力範囲に対する**累積疲労損傷度**（疲労寿命）の判定には、まず、変動応力範囲とその繰り返し回数（応力範囲の頻度分布、応力頻度とも呼ばれる）を調べます（図5・10の左側部分）。そして、この得られた応力頻度と線形累積被害則を用いて累積疲労損傷度（疲労寿命）を評価します。なお、図5・9に示すようなランダムな応力変動から、応力頻度を求める方法にはレンジ法、レンジペア法、レインフロー法などがあります。

疲労設計曲線を用いて、疲労強度を算出する場合の応力範囲は、対象とする継手部における平均的な応力である**公称応力**によって決められます。しかし、構造が複雑で公称応力が容易に求められない場合には、数値解析や載荷実験により求めた、疲労き裂が発生すると予想される位置での応力を用いて評価します。

3 き裂進展の予測

前項までは、疲労き裂が入るまでの繰り返し回数、すなわち疲労寿命について述べました。しかし、既

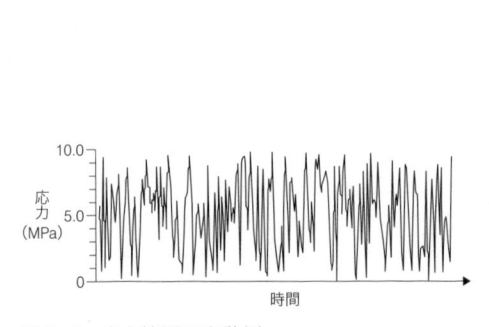

図5・9　応力範囲の変動例

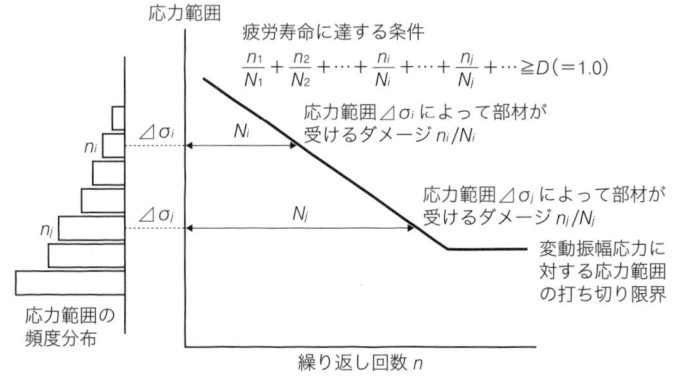

図5・10　累積疲労損傷度

疲労寿命に達する条件
$$\frac{n_1}{N_1}+\frac{n_2}{N_2}+\cdots+\frac{n_i}{N_i}+\cdots+\frac{n_j}{N_j}+\cdots\geq D(=1.0)$$

応力範囲$\Delta\sigma_i$によって部材が受けるダメージn_i/N_i

応力範囲$\Delta\sigma_j$によって部材が受けるダメージn_j/N_j

変動振幅応力に対する応力範囲の打ち切り限界

> **解説 ♠ き裂進展速度**
>
> き裂進展速度は、応力拡大係数の最大値と最小値との差（応力拡大係数範囲）と関係づけられ、次式のように表されます。
>
> $$\frac{da}{dN} = C(\Delta K)^m$$
>
> ここに a はき裂長さ、N は繰り返し回数、C、m は実験などから得られる材料定数、ΔK は応力拡大係数範囲です。多くの金属材料では $m = 2 \sim 7$ となります。
>
> 応力拡大係数とは、応力とき裂長さ、荷重および試験体形状など幾何学的条件で決まる、き裂先端の応力を表すために用いられるパラメータです。作用する荷重、き裂長さ、および試験体形状が決まれば、応力拡大係数を決定することができます。

設構造物に一旦疲労き裂が入った場合には、き裂の進展性が問題となります。すなわち、そのき裂が進展していく速度（**き裂進展速度**）が速いのかそうでないのかという点です。き裂進展速度が速い場合は、き裂が早期に進展することから構造物の安全性に大きく影響します。そのため、早期の補修・補強が必要です。一方、き裂進展速度が遅い場合、必ずしも早期の補修・補強は必要ではなく、き裂進展の経過観察（モニタリング）を行うことが多くあります。このように、き裂進展速度の情報は、き裂発生後の構造物の維持管理において、重要な情報となります。

き裂進展速度は、**応力拡大係数**の最大値と最小値との差（応力拡大係数範囲）と関係づけられています。応力拡大係数範囲が大きいほど、き裂進展速度は大きくなります。さまざまな材料の応力拡大係数範囲とき裂進展速度の関係は実験的に求められており、『金属材料疲労き裂進展抵抗データ集 Vol. 1、2（1983年版）』（日本材料学会）などとしてまとめられています。したがって、これらの関係を見れば、き裂進展速度の推定が可能です（コラム「き裂進展速度」参照）。

[例題]

突合せ溶接継手の疲労設計曲線が図に示すように与えられている。

この時、応力範囲 100N/mm² で60万回、150N/mm² で10万回の繰り返し荷重が作用した。この時の累積疲労損傷度を線形累積被害則を用いて求めなさい。

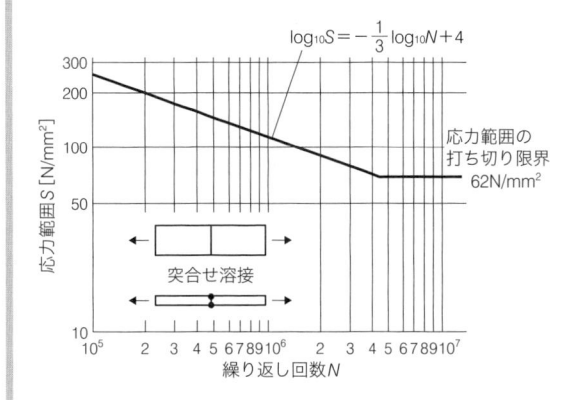

[解答]

まず 100N/mm² における疲労寿命 N_{100}（繰り返し回数）を求める。

$$\log_{10} 100 = -\frac{1}{3} \log_{10} N_{100} + 4$$

$$2 = -\frac{1}{3} \log_{10} N_{100} + 4$$

$$\log_{10} N_{100} = 2 \times 3 = 6$$

$$N_{100} = 10^6 \ (= 100万回)$$

次に同様に 150N/mm² における疲労寿命 N_{150}（繰り返し回数）を求める。

$$\log_{10} 150 = -\frac{1}{3} \log_{10} N_{150} + 4$$

$$\frac{1}{3} \log_{10} N_{150} = 4 - \log_{10} 150$$

$$\log_{10} N_{150} = (4 - \log_{10} 150) \times 3 = 5.4717$$

$$N_{150} = 2.96 \times 10^5$$
$$= 3.0 \times 10^5$$

したがって、累積疲労損傷度 D は、

$$D = \frac{6 \times 10^5}{10^6} + \frac{10^5}{3.0 \times 10^5} = 0.6 + 0.333$$

$$= 0.933 \ （答）$$

3 構造物の性能評価、判定

構造物は供用期間中、要求性能を満足していなければなりません。構造物において、維持管理の対象となる**要求性能**には、表2・1（p.15）のように**安全性、使用性、第三者影響度、美観・景観、耐久性**などがあります。これらの性能評価にあたっては、評価する性能に対応した性能項目とそれに対応した**性能照査指標**を適切に選定し、評価を行います。要求性能と性能項目、および性能照査指標の例は表2・1のとおりです。

1 コンクリート構造物の性能評価と判定

コンクリート構造物の性能評価、判定手法について、劣化要因ごとに説明します。ただし、構造物の諸性能を定量的（数値などで客観的に）に評価することは理想的ではありますが、現状では必ずしもこのような手法が確立していません。

そこで、現実的には構造物の外観変状から**グレーディング**（グレード＝等級分け）を行い、点検実施時における構造物の性能を半定量的（数値などで定量的には表せないものの状態を別の表現である程度表すこと。ここでは構造物の状態を文章で表現しています）に評価する手法が提案されています。

グレーディングは、本来、構造物の「現在」の劣化程度を半定量的に分類するものであり、「将来」の劣化の進行を予測するものではありません。しかし、これを利用して、例えば中性化速度、鋼材の腐食速度などの点検結果をもとに、将来の劣化過程を推定することで、**予定供用期間終了時**（構造物の使用を終える時）の構造物の性能を予測することもできます。

また、そうしてなされた性能評価は、外観上のグレードから推定できる標準的な性能低下の程度を示したものです（4章のグレーディングに関する各表を参照）。したがって、構造物の補修・補強設計を具体的に検討する場合には、点検結果や調査結果をもとに、構造物の性能を定量的に推定する必要がある場合もあります。

①塩害により劣化したコンクリート構造物の性能評価
❖評価項目

塩害の影響を受ける構造物では、潜伏期、進展期、加速期、劣化期のいずれの劣化過程にあるかによって、劣化の影響を受ける性能は異なります。

- 潜伏期、進展期：各性能への影響はこの時点ではありません。
- 加速期：腐食ひび割れ発生後で腐食量の増大が顕著な期間であるので、部材の剛性などの使用性、ひび割れの発生による剥離・剥落の可能性などの第三者影響度や美観について評価します。
- 劣化期：加速期で着目する性能の他に、耐荷力などの安全性について評価します。

なお、鋼材に腐食が生じていて、かつ、繰り返し荷重を受けている場合には、進展期などの比較的早い段階からコンクリートの剥落に代表される第三者

表5・3 塩害により劣化した構造物の外観上のグレードと標準的な性能低下

グレード	安全性	使用性	第三者影響度	美観・景観
潜伏期（状態Ⅰ-1）	—	—	—	—
進展期（状態Ⅰ-2）	—	—	—	—
加速期前期（状態Ⅱ-1）	—	—	—	美観の低下 ・ひび割れ ・さび汁 ・鋼材の露出
加速期後期（状態Ⅱ-2）	耐荷力・じん性の低下 ・鋼材断面積の減少 ・浮き・剥離によるコンクリート断面の減少	剛性低下（変形の増大・振動の発生） ・鋼材断面積の減少 ・鋼材とコンクリートの付着力の低下 ・浮き・剥離によるコンクリート断面の減少	第三者に及ぶ危険性 ・剥離 ・剥落	
劣化期（状態Ⅲ）				

影響度を評価する場合もあります。
❖評価方法
コンクリートおよび鋼材の個々の劣化状態を評価したうえで、点検時ならびに予定供用期間終了時の性能を評価します。

例えば、調査結果から得られた材料の力学的性質（強度、弾性係数など）を構造計算式（構造物を設計する時に用いる式）に代入することによって、耐荷力、たわみ量あるいは変形量などを求め、安全性や使用性を評価する方法があります。

また、ひび割れや剥離の範囲ならびに密度、鋼材の腐食状況などから、第三者影響度、美観・景観に関する性能を評価することも考えられます。

これらの点検時の性能評価は、劣化が著しくない場合には比較的精度良く評価できます。ただし、劣化が著しく、鋼材の伸び性能やコンクリートとの付着性能の低下が大きい場合、あるいはかぶりの剥離・剥落などがある場合における評価手法については、未だ確立されていないのが現状です。

構造物の予定供用期間終了時における諸性能の評価は、点検時における性能の評価結果に劣化予測の結果を加味して行います。現在のところ、じゅうぶんな精度で評価することが難しい面がありますが、一般には鋼材の腐食速度をもとに劣化予測を行い、耐久性を評価します。

構造物の外観変状から表4・4（p.59）によりグレーディングを行い、表5・3を参考に点検実施時における構造物の性能を半定量的に評価することができます。

例えば、構造物において、腐食ひび割れが多数発生し、さび汁が見られることや、部分的な剥離・剥落が見られることなどが確認された場合には、表4・4から状態Ⅱ-2（加速度後期）と外観上のグレードを判定します。その結果を表5・3に照らし合わせると、安全性では耐荷力・じん性の低下の可能性がある、使用性では剛性低下の可能性がある、第三者に及ぶ危険性がある、美観が低下しているなどの構造物のそれぞれの要求性能に対する性能を評価することができます。

②中性化により劣化したコンクリート構造物の性能評価
❖評価項目
中性化の影響を受ける構造物では、潜伏期、進展期、加速期、劣化期のいずれの劣化過程にあるかによって、劣化の影響を受ける性能は異なります。

- 潜伏期、進展期：各性能への影響はこの時点ではありません。
- 加速期：腐食ひび割れ発生後で腐食量の増大が顕著な期間であるので、部材の剛性など使用性の低下、ひび割れの発生による剥離・剥落の可能性などの第三者影響度や美観の低下について評価します。
- 劣化期：加速期で着目する性能に加えて耐荷力などの安全性について評価します。

なお、鋼材に腐食が生じていて、かつ、繰り返し

表5・4　中性化により劣化した構造物の外観上のグレードと標準的な性能低下

グレード	安全性	使用性	第三者影響度	美観・景観
潜伏期（状態Ⅰ-1）	—	—	—	—
進展期（状態Ⅰ-2）	—	—	—	—
加速期前期（状態Ⅱ-1）	—	—	—	—
加速期後期（状態Ⅱ-2）	—	剛性低下（変形の増大・振動の発生） ・鋼材断面積の減少 ・鋼材とコンクリートの付着力の低下 ・浮き・剥離によるコンクリート断面の減少	第三者に及ぶ危険性 ・剥離 ・剥落	美観の低下 ・ひび割れ ・さび汁 ・鋼材の露出
劣化期（状態Ⅲ）	耐荷力・じん性の低下 ・鋼材断面積の減少 ・浮き・剥離によるコンクリート断面の減少	剛性低下（変形の増大・振動の発生） ・鋼材断面積の減少 ・鋼材とコンクリートの付着力の低下 ・浮き・剥離によるコンクリート断面の減少	第三者に及ぶ危険性 ・剥離 ・剥落	美観の低下 ・ひび割れ ・さび汁 ・鋼材の露出

荷重を受けている場合には、進展期などの比較的早い段階からコンクリートの剥落に代表される第三者影響度を評価する場合もあります。

❖評価方法

コンクリートおよび鋼材の個々の劣化状態を評価したうえで、点検時ならびに予定供用期間終了時の性能を評価します。

基本的には塩害と同様の手法で構造物の性能を評価します。構造物の予定供用期間終了時における諸性能の評価は、点検時における性能の評価結果に劣化予測の結果を加味して行いますが、現状では、じゅうぶんな精度で評価することが難しいため、中性化深さをもとに劣化予測を行い（表4・7、p.60参照）、耐久性を評価します。

構造物の外観変状から表4・8（p.60）によりグレーディングを行い、表5・4を参考に点検実施時における構造物の性能を半定量的に評価することができます。

③アルカリシリカ反応（ASR）により劣化したコンクリート構造物の性能評価

❖評価項目

アルカリシリカ反応の影響を受ける構造物では、潜伏期、進展期、加速期、劣化期のいずれの劣化過程にあるかによって、劣化の影響を受ける性能は異なります。

- 潜伏期：各性能への影響はこの時点ではありません。
- 進展期：アルカリシリカ反応によるひび割れ発生後で、水密性などの使用性の低下、ひび割れの発生による剥離・剥落の可能性などの第三者影響度や美観の低下について評価します。
- 加速期、劣化期：進展期で着目する性能に加えて耐荷力などの安全性について評価します。

ひび割れがかぶり部分に限られる場合には、ひび割れによる鋼材腐食の発生、変色など、使用性および第三者影響度、美観・景観の低下について評価します。

また、アルカリシリカ反応により過大な膨張が構造物に発生した場合には、コンクリートの強度低下、鋼材とコンクリートとの付着力の低下、鋼材の曲げ加工部分での破断の有無を確認し、構造物の耐荷力についても評価します。

❖評価方法

コンクリートおよび鋼材の個々の劣化状態を評価したうえで、点検時ならびに予定供用期間終了時の性能を評価します。

例えば、調査結果から得られた材料の力学的性質を構造計算式に代入することによって、耐荷力、たわみ量あるいは変形量などを求め、安全性や使用性を評価する方法があります。

また、ひび割れや剥離の範囲ならびに密度、鋼材の腐食状況などから、第三者影響度、美観・景観に関する性能を評価することも考えられます。

これらの点検時の性能評価は、劣化が著しくない

表5・5　アルカリシリカ反応（ASR）により構造物の外観上のグレードと標準的な性能低下

グレード	安全性	使用性	第三者影響度	美観・景観
潜伏期（状態Ⅰ）	—	—		
進展期（状態Ⅱ）	—	水密性などの低下 ・ひび割れ	第三者に及ぶ危険性 ・剥離 ・剥落	美観の低下 ・ひび割れ ・変色 ・アルカリシリカゲルの滲出
加速期（状態Ⅲ）	じん性の低下 ・鋼材の腐食 耐荷力の低下 ・本来の照査：耐荷力 ・簡易な照査：コンクリートの強度低下、鋼材の付着力低下、鋼材の損傷	鋼材の腐食発生 ・ひび割れ 構造物の変位・変形 ・たわみ ・ずれ ・段差		
劣化期（状態Ⅳ）				

場合には比較的精度良く評価できます。

構造物の予定供用期間終了時における諸性能の評価は、点検時における性能の評価結果に劣化予測の結果を加味して行いますが、現状では、じゅうぶんな精度で評価することが難しいため、膨張によるひび割れの経過観察や促進膨張量試験（表4・11、p.61参照）の結果を考慮して、耐久性を評価します。

構造物の外観変状から表4・12（p.61）によりグレーディングを行い、表5・5を参考に点検実施時における構造物の性能を半定量的に評価することができます。

④**床板に疲労ひび割れを生じた場合の性能評価**
❖**評価項目**

疲労により性能低下した床板は、どの劣化過程にあるかによって、影響を受ける性能とその低下の度合いが異なります。

- 潜伏期、進展期：各性能への影響はこの時点ではありません。
- 加速期：美観・景観の他、ひび割れのスリット化や角落ちなどが現れることによる剥離・剥落の可能性などの第三者影響度や安全性について評価します。
- 劣化期：二方向のひび割れが貫通し、状況によっては床板の陥没が生じることもあることから、安全性、使用性ならびに、第三者影響度について評価します。

しかし、床板の性能がどの程度低下し、いつの時点で許容される限界の状態に至るかを定量的に評価することは現状では困難です。例えば、安全性に関してみれば、点検時には載荷試験などによって耐荷性を確認しその概要を評価することは可能ですが、将来の予測は難しいのが現状です。

構造物の外観変状から表4・15（p.63）によりグレーディングを行い、表5・6を参考に点検実施時における構造物の性能を半定量的に評価することができます。

⑤**化学的侵食を生じた場合の性能評価**
❖**評価項目**

化学的侵食の影響を受ける構造物は、潜伏期、進展期、加速期、劣化期のいずれの劣化過程にあるかによって、劣化の影響を受ける性能は異なります。

- 潜伏期：各性能への影響は現時点ではありません。
- 進展期：コンクリート保護層の剥離などによる美観や第三者影響度について評価します。
- 加速期：コンクリートの断面減少に伴う部材の剛性、水路などにおける流量などの使用性の低下、かぶりコンクリートの鋼材の保護性能について評価します。
- 劣化期：部材のじん性や耐荷力などの安全性について評価します。

❖**評価方法**

コンクリートおよび鋼材の個々の劣化状態を評価したうえで、点検時ならびに予定供用期間終了時の

表5・6　床板の疲労により構造物の外観上のグレードと標準的な性能低下

グレード	安全性	使用性	第三者影響度 美観・景観
潜伏期（状態Ⅰ）	―	―	―
進展期（状態Ⅱ）	―	―	―
加速期（状態Ⅲ）	せん断剛性の低下 ・ひび割れのスリット化、角落ち	―	美観の低下 ・ひび割れ ・遊離石灰
劣化期（状態Ⅳ）	耐荷性の低下 ・ひび割れの貫通 ・雨水の浸透 ・鋼材腐食	疲労進行による路面の損傷 ・路面のき裂、陥没	・コンクリート表面の陥没 第三者への影響 ・剥離 ・剥落

性能を評価します。

　例えば、調査結果から得られた材料の力学的性質を構造計算式に代入することによって、耐荷力、たわみ量あるいは変形量などを求め、安全性や使用性を評価する方法があります。

　また、ひび割れや剥離の範囲ならびに密度、鋼材の腐食状況などから、第三者影響度、美観・景観を評価することも考えられます。

　これらの点検時の性能評価は、劣化が著しくない場合には比較的精度良く評価できます。

　構造物の予定供用期間終了時における諸性能の評価は、点検時における性能の評価結果に劣化予測の結果を加味して行いますが、現在の知見では、じゅうぶんな精度で評価することが難しいため、鋼材の腐食速度をもとに劣化予測を行い、耐久性を評価する方法もあります。

　構造物の外観変状から表4・14（p.62）によりグレーディングを行い、表5・7を参考に点検実施時における構造物の性能を半定量的に評価することができます。

⑥凍害を生じた場合の性能評価
❖評価項目

　凍害の影響を受ける構造物は、潜伏期、進展期、加速期、劣化期のいずれの劣化過程にあるかによって、劣化の影響を受ける性能は異なります。

- 潜伏期：劣化が顕在化していないため、いずれの性能についても低下はありません。
- 進展期：美観などの性能について評価します。
- 加速期：美観に加えて、コンクリートの剥落などによる第三者影響度について評価します。
- 劣化期：構造部材などでは、変形の増加による使用性の低下や、耐荷力の減少による安全性の低下について評価します。

❖評価方法

　コンクリートおよび鋼材の個々の劣化状態を評価したうえで、点検時ならびに予定供用期間終了時の

表5・7　化学的侵食により劣化した構造物の外観上のグレードと標準的な性能低下

グレード	安全性	使用性	第三者影響度	美観・景観
潜伏期（状態Ⅰ）	—	—		
進展期（状態Ⅱ）	—	—	第三者に及ぶ危険性 ・剥離 ・剥落	美観の低下 ・コンクリート保護層の剥離 ・コンクリートの変質・ひび割れ
加速期（状態Ⅲ）	耐荷力の低下 ・コンクリート断面の減少	剛性の低下（変形の増大・振動の発生） ・コンクリート断面の減少 ・流量などの減少		美観の低下 ・コンクリートの変質・ひび割れ
劣化期（状態Ⅳ）	耐荷力・じん性の低下 ・コンクリート断面の減少 ・鋼材断面積の減少	剛性の低下（変形の増大・振動の発生） ・鋼材とコンクリートの付着力の低下 ・コンクリート断面積の減少 ・鋼材断面積の減少		美観の低下 ・コンクリートの変質・ひび割れ ・さび汁 ・鋼材の露出

表5・8　凍害により構造物の外観上のグレードと標準的な性能低下

グレード	安全性	使用性	第三者影響度	美観・景観
潜伏期（状態Ⅰ）	—	—		
進展期（状態Ⅱ）	—	—		美観の低下 ・スケーリング、ポップアウト ・ひび割れ
加速期（状態Ⅲ）	耐荷力の低下 ・コンクリート断面の減少	剛性の低下 ・コンクリート断面の減少 ・鋼材とコンクリート間の付着劣化 ・鋼材腐食	第三者に及ぶ危険性 ・剥離 ・剥落	
劣化期（状態Ⅳ）	・鋼材腐食	・鋼材腐食		

性能を評価します。

例えば、調査結果から得られた材料の力学的性質を構造計算式に代入することによって、耐荷力、たわみ量あるいは変形量などを求め、安全性や使用性を評価する方法があります。ただし、劣化の状況によっては、構造設計式の前提条件（付着性状や構造細目）が満足しない場合もあるため、注意が必要です。

ひび割れ、スケーリング、ポップアウトなどの範囲や程度から第三者影響度、美観・景観を評価することも考えられます。

点検時の評価はある程度の精度でできる場合もありますが、予定供用期間終了時の諸性能の評価は、現状の技術レベルでは困難です。

構造物の外観変状から表4・10（p.61）によりグレーディングを行い、表5・8を参考に点検実施時における構造物の性能を半定量的に評価することができます。

❷ 鋼構造物の性能評価と判定

通常の点検業務の結果として、腐食などの劣化部位とその程度に関する情報の蓄積はかなり進んできました。しかし、それによって構造物自体の安全性を評価するには至っておらず、確立された手法も存在しません。

つまり、構造物を構成する部材やその部位に着目した点検結果に基づいてなされる性能評価、部材レベルでの変状判定や劣化度の評価が中心であり、構造物全体としての性能評価にはならないのです。

そのため、変状が発見された場合の供用制限（重量車の通行制限など）や供用中止（通行止め）を適切に判断することはまだ難しい状況にあります。

現在は、こういった社会ニーズに応えるよう、損傷劣化した部材および構造物の残存性能評価（あとどのくらいの性能を有しているのか）に関する研究が活発に行われている段階です。

ここでは、部材の性能評価手法の一例として、安全性の性能指標である耐荷力に着目し、紹介します。

①腐食した鋼板の耐荷力の評価

一般に、腐食した鋼板の耐荷力、すなわち、腐食した鋼板がどれくらいの荷重に耐えることができるのかは、その鋼板の形状（平均板厚、最小板厚、断面欠損率など）を測定し、その情報をもとに、**有限要素法**などの数値解析により求める方法と、提案され

解説 ♠ 有限要素法

外力や内力を受ける構造物の変形や、内部に発生する応力を調べる際に広く用いられる数値計算手法です。橋梁だけでなく、航空機、自動車、携帯電話のボディなど多くの製品の開発・設計段階に用いられています。コンピュータで行えるため、実物を用いる必要がなく、さまざまなシミュレーションを何度でも行うことができます。

有限要素法では、対象である構造物や構造部材を、要素と呼ばれる部分に多数分割し、分割された要素の集合体として力学に関する方程式をコンピュータによる数値計算によって近似的に解きます。

コンピュータ技術の進歩により、対象にできる構造物の規模が大きくなり、今では、橋梁全体を対象とすることも可能です。図は橋梁橋桁（合成桁）の有限要素モデルの例です。要素の集合として分割され、モデル化されていることがわかるでしょう。

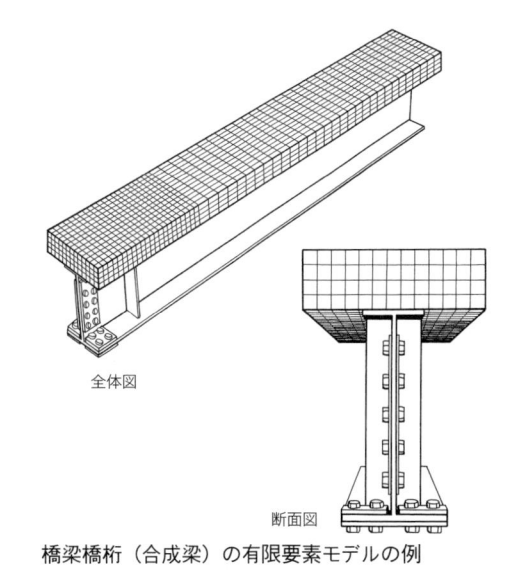

全体図

断面図

橋梁橋桁（合成梁）の有限要素モデルの例

ている耐荷力評価式によって求める方法があります（コラム「有限要素法」参照）。

腐食した部材の引張耐力は平均板厚に基づく有効板厚を、圧縮耐力については表面性状の変化を強く受けることから、これを考慮した代表板厚や断面欠損率に基づく耐力低減係数を用いることが提案されています。

有限要素法では、用いる要素、および要素分割数によって得られる解析結果が大きく変わることもあります。そのため、腐食による耐荷力評価では、腐食形状の変化を再現できる適切な要素選択と分割が求められ、これらに関する研究も行われています。また、**残留応力**（荷重がとり除かれても残る応力）や初期たわみ（製造、建設時に導入される残留ひずみや微小な変形）も耐荷力に大きく影響を与えます。そのため、解析モデルにおけるこれらの考慮に関しても多くの研究がなされています。

②き裂を有する部材の耐荷力評価

き裂を有する部材の耐荷力評価にあたっては、まず、き裂の部位を特定した後、き裂の長さを測定します。そして、これらの情報をもとに、部材の耐荷力の評価を行うとともに、き裂の進展の有無について判断します。部材の耐荷力評価にあたっては、き裂の発生による断面欠損を評価し、耐荷力評価を行います。最近ではリダンダンシー解析といって、き裂が発生した部材を破断させ、それによる耐荷力の変化を評価したり、どの部材が破断した時、耐荷力の変化が大きいかなどについて検討し、維持管理上重要な部材を特定したりすることなどが行われています。

現在、発生しているき裂長さを考慮した耐荷力の検討では安全性があると判断された場合においても、き裂の進展性には注意しなければなりません。き裂進展の模式図を図5・11に示します。この図の横軸は応力拡大係数範囲、縦軸はき裂進展速度を表しています。この図からわかるように、き裂の速度が急

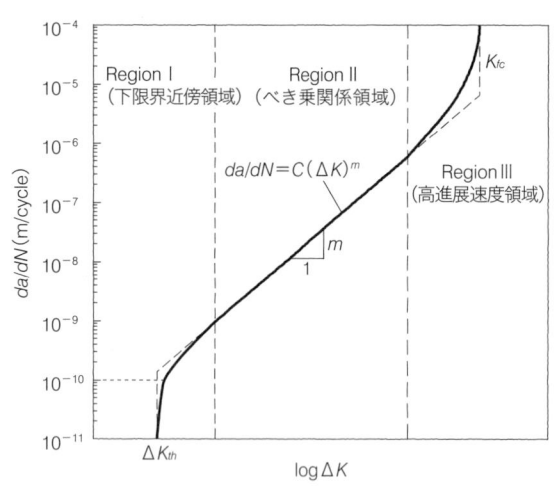

図5・11　き裂進展速度の変化
ΔK_{th}：下限界応力拡大係数範囲。これより小さい応力拡大係数範囲ではき裂が進展しない
K_{fc}：繰り返し荷重下での破壊じん性値。この時、き裂進展速度は急激に増大する

図5・12　ストップホール施工の例（□部）

図5・13　ストップホール施工後ボルト締めした例

激に変化する領域（Region Ⅲ）が存在し、この領域にある場合、部材破断の可能性がひじょうに高くなります。部材の破断は、部材によっては構造物の安全性を大きく損ないますので、き裂進展の有無を評価することが重要です。

き裂進展の有無の評価には、5 2 で示した応力拡大係数範囲を用いた破壊力学に基づく方法と、評価せずにき裂先端部の応力を緩和した状態で経過観察する方法があります。前者は理論的ですが、構造が複雑な場合などでは必ずしも高精度に評価・判定できるわけではありません。一方、後者は、対症療法的な手法ではありますが、前者の評価法が困難な場合に有効な方法です。後者において、き裂先端部の応力を緩和するには、き裂先端部に**ストップホール**と呼ばれる孔をあけるのが一般的です（図5・12の□部）。また、さらにその効果を上げるためにストップホールをボルト締めする場合もあります（図5・13）。

疲労き裂の発生・進展には、荷重条件（外力の大きさ、頻度）と構造条件（形状、品質、材料欠陥の有無など）に大きく左右されます。そのため、対象とする構造の特殊性などにもじゅうぶんな注意を払う必要があり、これらを適切に考慮したうえでき裂進展の有無を評価する必要があります。

6章
補修・補強の方法

1 補修とは、補強とは

1 構造物の治療と健康の回復・増進

人間は日々の生活のなかでいくらかのストレスや疲れを感じています。そのため、人間ドックに行くなどして病気を早期に発見し、対処できるよう定期的に健康診断（点検、調査）を受け、健康管理に気をつけています。それでも、病気になったりけがをした時は病院へ行って適切な診断、治療を受け、健康の回復・増進に心がけるでしょう。

構造物も人間と同様に、建設された場所周辺の環境や外力の大きさなどによって劣化し、構造物の健全性を損ない、性能低下を引き起こすことがあります。そこで、定期的に適切な点検、調査を受けて性能低下を引き起こす劣化を見逃さずに維持管理することが大切です。このような維持管理を**予防維持管理**（あるいは予防保全）といいます。これに対して、構造物の性能低下を引き起こす劣化が顕在化した後に補修や補強などの適切な対策を講じる維持管理を**事後維持管理**（あるいは事後保全）といいます。構造物の性能を回復もしくは向上させるための対策が補修・補強ということになります。

①構造物の性能低下

2章で詳しく述べられていますが、構造物の性能は次第に低下していきます（p.19、図2・3）。性能低下はある曲線（**性能低下曲線**）で表されます。構造物のさまざまな性能は供用期間中にそれぞれの要求レベルを下回ってはいけません。しかし、適切な診断を受けてこなかった構造物のなかには、供用期間中であっても劣化により性能が要求レベルを下回っていることがあります。ですから、構造物の点検、診断によって供用期間中に構造物の性能が要求レベルを下回る、あるいは下回ると予測された場合には、適切な補修や補強による対策を講じなくてはなりません。

②補修と補強の定義

補修と補強の定義は以下のように考えられています[※1]。

補修とは、第三者への影響の除去、あるいは美観・景観や耐久性の回復もしくは向上を目的とした対策です。ただし、建設時に構造物が保有していた程度まで、安全性あるいは使用性のうちの力学的な性能を回復させるための対策を含みます。

補強とは、建設時に構造物が保有していたよりも高い性能まで、安全性あるいは使用性のうちの力学的な性能を向上させるための対策です。

補修の概念図を図6・1（a）と図6・1（b）に示します。すなわち、補修は以下に示す2つの対策であるとい

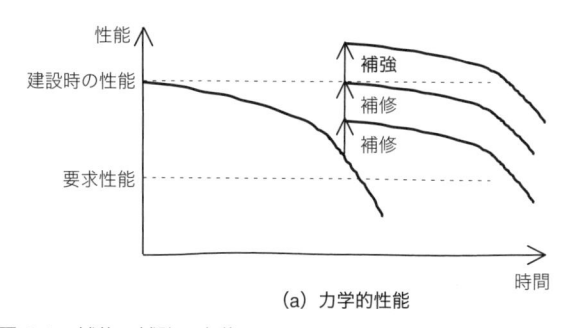

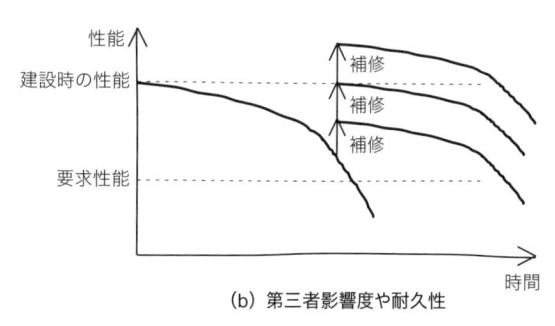

図6・1　補修・補強の定義
（a）力学的性能
（b）第三者影響度や耐久性

えます（図6・1(a)、(b)）。

①第三者影響度や耐久性を最大で建設時の性能レベルまで回復させる、もしくはそれを上回るレベルまで向上させる対策

②力学的な性能（耐荷力や剛性など）を最大で建設時の性能レベルまで回復させるための対策

また、補強は力学的な性能（耐荷力や剛性など）を建設時の性能を上回るレベルまで向上させる対策であるといえます（図6・1(a)）。

補修・補強を行うには、構造物の変状をじゅうぶんに診断した後、目標とする性能レベルを決め、構造物の劣化機構や劣化進行過程（3章参照）、余寿命、ライフサイクルコスト（LCC）などを考慮して、工法を選定しなくてはなりません。

現在実施されているコンクリート構造物、鋼構造物に対する主な補修および補強工法の例をそれぞれ図6・2、図6・3に示します。ただし、補修工法と補強工法を明確に分類できない工法もあります。また、ここでは述べませんが、橋梁付属物の補修として、支承、伸縮装置、橋面舗装、排水・止水などに関するものがあります。

2 コンクリート構造物の補修・補強

コンクリート構造物によく見られる劣化の症状は、①ひび割れ、②浮きや剥離、③漏水や遊離石灰、④鉄筋腐食やさび汁、⑤変形、⑥耐荷力低下、⑦すりへりなどです。これらの症状に対する補修・補強工法とその特徴を紹介します。

1 耐久性の回復あるいは向上を目的とした補修工法とその特徴

コンクリート構造物に対する補修の主な目的は、①ひび割れや剥離などの修復、②二酸化炭素、塩化物イオンや有害化学物質の浸入による劣化進行の抑制や除去、③水分の浸入抑制、④部材の剛性や耐荷力の回復です。劣化機構別にまとめた補修の方針と工法を表6・1に示します。

以下では、図6・2(a)に示した補修工法とその特徴

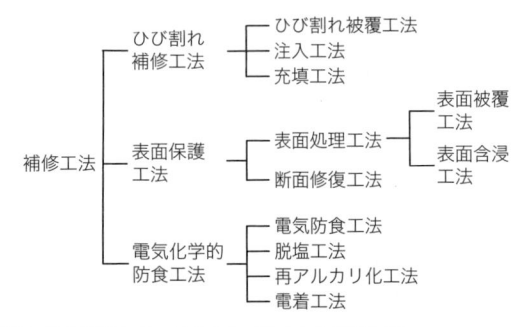

(a) 耐久性の回復あるいは向上を目的とした補修工法

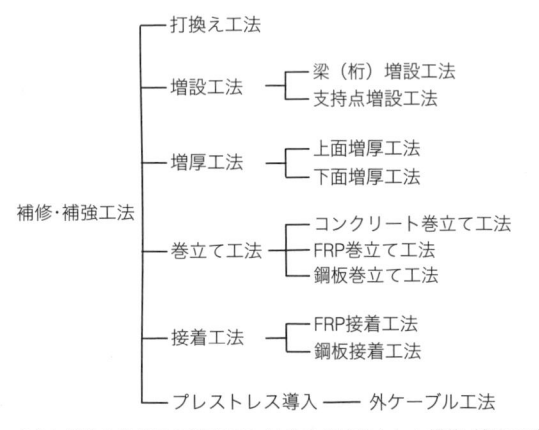

(b) 力学的な性能の回復あるいは向上を目的とした補修・補強工法

図6・2　コンクリート構造物に適用されている主な補修・補強工法

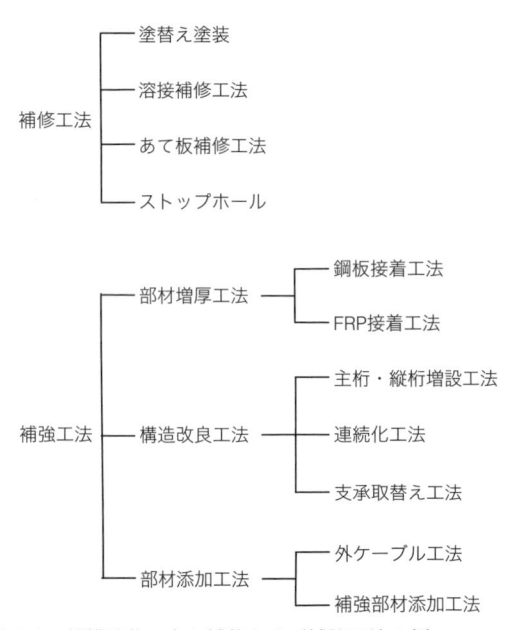

図6・3　鋼構造物の主な補修および補強工法の例

を見ていきましょう。

①ひび割れ補修工法

ひび割れ補修工法の目的は、さまざまな原因によりコンクリートに発生したひび割れからの劣化因子の浸入防止、ひび割れ変状の修復、ひび割れの充填接着です。ひび割れ補修工法は、図6・4に示すように、**ひび割れ被覆工法、注入工法、充填工法**に分類できます[※2]。これらの工法は、ひび割れの発生原因や発生状況、ひび割れ幅、ひび割れの動き、鉄筋腐食の有無によって、単独での使用、あるいは組み合わせた使用ができます。

❖ひび割れ被覆工法

ひび割れ被覆工法は、微細なひび割れ（一般に0.2mm以下のひび割れ幅）を被覆して防水性や耐久性を向上させる工法です。ひび割れの動き（開閉やずれ）が大きい場合には、コンクリートとの付着性に優れるとともに、伸びやすい（可とう性のある）材料を使用する必要があります。

❖注入工法

注入工法は、0.2～1.0mm程度のひび割れ内部に樹脂系あるいはセメント系の材料を注入充填して防水性や耐久性を向上させる工法です。注入する材料には、それ自身の強度が高く、コンクリートとの付着性に優れたものを使用する必要があります。

❖充填工法

充填工法は、0.5～1.0mm程度以上の比較的大き

表6・1 劣化機構別にまとめた補修の方針と工法

劣化機構	補修の方針	補修工法の構成	目標の性能を満たすために考慮すべき要因
中性化	・中性化したコンクリートの除去 ・補修後のCO_2、水分の浸入抑制	・断面修復工 ・表面処理工 ・再アルカリ化工	・中性化部除去の程度 ・鉄筋の防錆処理 ・断面修復材の材質 ・表面処理材の材質と厚さ ・コンクリート中のアルカリ量のレベル
塩害	・浸入したCl^-の除去 ・補修後のCl^-、水分、酸素の浸入抑制	・断面修復工 ・表面処理工 ・脱塩	・浸入部除去の程度 ・鉄筋の防錆処理 ・断面修復材の材質 ・表面処理材の材質と厚さ ・Cl^-量の除去程度
	・鉄筋の電位制御	・電気防食工	・陽極材の品質 ・分極量
凍害	・劣化したコンクリートの除去 ・補修後の水分の浸入抑制 ・コンクリートの凍結融解抵抗性の向上	・断面修復工 ・注入工 ・表面処理工	・断面修復材の凍結融解抵抗性 ・鉄筋の防錆処理 ・ひび割れ注入材の材質と施工法 ・表面処理材の材質と厚さ
化学的侵食	・劣化したコンクリートの除去 ・有害化学物質の浸入抑制	・断面修復工 ・表面処理工	・断面修復材の材質 ・表面処理材の材質と厚さ ・劣化コンクリートの除去程度
アルカリシリカ反応	・水分の供給抑制 ・内部水分の逸散促進 ・アルカリ供給抑制 ・膨張抑制 ・部材剛性の回復	・水処理（止水、排水処理） ・注入工 ・表面処理工 ・巻立て工	・ひび割れ注入材の材質と施工法 ・表面処理材の材質と厚さ
疲労 （道路橋鉄筋コンクリート床版の場合）	・ひび割れ進展の抑制 ・部材剛性の回復 ・せん断耐荷力の回復	・水処理（止水、排水処理） ・床版防水工 ・接着工 ・増厚工	・既設コンクリート部材との一体性
すりへり	・減少した断面の復旧 ・粗度係数の回復・改善	・断面修復工 ・表面処理工	・断面修復材の材質 ・付着性 ・耐磨耗性 ・粗度係数

（出典：㈳土木学会『コンクリート標準示方書［維持管理編］2007年制定』2008、p.73、解説）

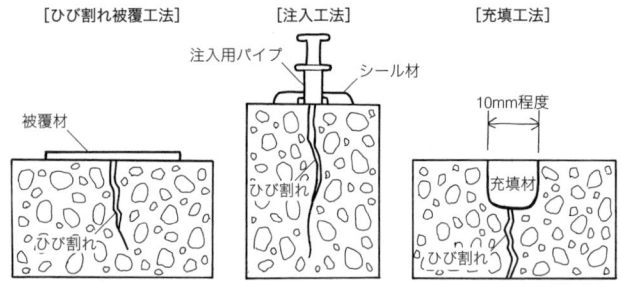

図6・4 ひび割れ補修工法の分類

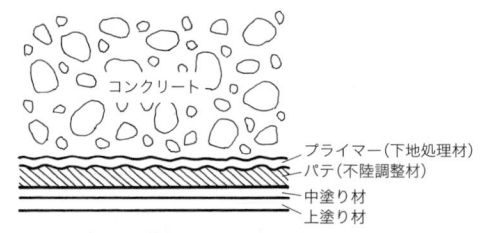

図6・5 表面被覆工法

なひび割れに対する補修工法です。ひび割れに沿って約10mmの幅でコンクリートをU字形またはV字形にカットした後、その部分にポリマーセメントモルタルや可とう性エポキシ樹脂などの材料を充填することによって防水性や耐久性を向上させます。充填材料には、コンクリートとの付着性に優れ、構造物の変形とともに伸縮できるものを使用する必要があります。

②表面保護工法

表面保護工法は、コンクリートの劣化や鋼材腐食の原因となる水分、酸素、二酸化炭素、塩化物イオンなどの劣化因子の浸入防止または抑制による耐久性の向上や劣化進行速度の抑制を目的とします。表面保護工法は、**表面被覆工法、表面含浸工法、断面修復工法**に分類できます（図6・2(a)）。土木学会の『表面保護工法設計施工指針（案）』[※3]では、表面被覆工法と表面含浸工法の総称として、**表面処理工法**と呼称しています。これらの工法は、構造物の周辺環境や劣化進行速度などを考慮して併用することができます。

❖表面被覆工法

表面被覆工法（図6・5）は、コンクリート構造物の表面を被覆することによって劣化因子の浸入や劣化の進行を抑制し、防水性、耐久性や美観・景観を向上させる工法です。被覆材には、樹脂系とポリマーセメント系の材料がありますが、材料の選定にあたっては、コンクリートの乾燥・湿潤状態、被覆材の伸び能力（ひび割れ追従性）がポイントになりま

解説 ♠ ウォータージェット工法

コンクリート構造物と補修・補強材料との付着性を確保するため、補修・補強前に劣化したコンクリートをはつりとることがあります。その際、内部のコンクリートおよび鉄筋を傷つけることなく構造物表層部のコンクリートを除去する有効な方法として、写真に示すウォータージェット工法があります。50～200MPa程度の高圧水をコンクリート表面に噴射して劣化したコンクリートを除去します。

ウォータージェット工法（提供：㈱ケミカル工事）

ウォータージェット工法ではつりとった部分（提供：㈱ケミカル工事）

す。また、ポリマーセメント系材料などの無機系材料による単独での使用と、各種繊維シートやネットとの併用による劣化コンクリートの剥落防止のための使用もあります。

❖ **表面含浸工法**

表面含浸工法は、コンクリート表面に表面含浸材を塗布してコンクリート内部に浸み込ませ、劣化因子の浸入を抑制したり、新たな性能を与えたりする工法です。

表面含浸材は、**シラン系表面含浸材**と**けい酸塩系表面含浸材**に大別されます。シラン系表面含浸材は、コンクリート表層部に吸水防止層を形成させ、水分や劣化因子の浸入を抑制します。また、けい酸塩系表面含浸材には、けい酸リチウム系とけい酸ナトリウム系がありますが、コンクリートにアルカリを付与したり、表層部を緻密化したりします。これによって鉄筋の腐食環境を改善し、水分や劣化因子の浸入を抑制します。

❖ **断面修復工法**

断面修復工法（図6・6）は、中性化や塩害などによりかぶりコンクリートが剥離・剥落した断面欠損部や、劣化因子を除去した部分の断面を修復する工法です。断面修復工法は、下地処理、プライマーあるいは鉄筋防錆材などの下塗り、断面修復材による欠損部充填の工程で行われます。

一般に、断面修復材には、無収縮セメントモルタル、アクリル系などのポリマーセメントモルタルなどが用いられます。断面修復材に要求される性能は、①圧縮、曲げおよび引張強度などが既存コンクリートと同等以上であること、②熱膨張性、ヤング係数およびポアソン比などが既存コンクリートと同等であること、③乾燥収縮が小さく、接着性が高いこと、④現場施工であるため、作業性が良いことなどが挙げられます。

③ **電気化学的防食工法**

電気化学的防食工法は、陽極材（チタン、亜鉛など）からコンクリート内部の鋼材へ直流電流を流すことによって鋼材腐食による劣化を抑制することを目的としています。

電気化学的防食工法は、電気化学的反応を利用して構造物の耐久性を向上させます。古くから船舶や海水中の鋼構造物の防食対策として適用されていますが、コンクリート構造物への適用は比較的新しい技術です。

電気化学的防食工法は、補修の目的に応じて、**電気防食工法、脱塩工法、再アルカリ化工法、電着工法**に分類できます（図6・2(a)）。電気防食工法は塩害によるコンクリート内部の鋼材腐食が問題となり始

解説 ♠ 注入工法

注入工法は、写真のような注射器具などを用いて、ひび割れ内部に樹脂系あるいはセメント系材料を低圧、低速で注入する工法です。樹脂系としてはエポキシ樹脂などの有機系材料、セメント系としてはポリマーセメント材料が用いられます。最近では、微細なひび割れにも注入できる超微粒セメントも開発されています。

注入工法（提供：ショーボンド建設㈱）

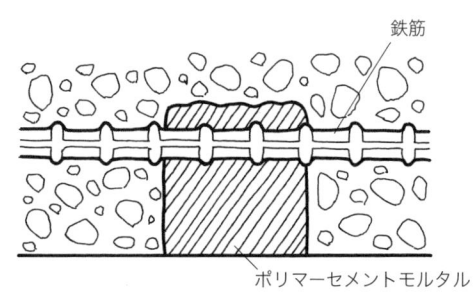

図6・6 断面修復工法

めた 1960 年代にアメリカで開発、脱塩工法と再アルカリ化工法は 1970 年代に北欧で開発、電着工法は 1980 年代に日本で開発された技術です[※4]。

❖ **電気防食工法**

電気防食工法は、コンクリート表面もしくは表面近傍に陽極材を設置し、この陽極材からコンクリート中の鋼材（陰極）に電流を継続的に供給することによって鋼材腐食を抑制する工法です。

鋼材の**不動態皮膜**が破壊されて腐食した部分では、鉄が陽イオンになり、電子が不動態皮膜で保護されている部分へ移動します。これによって鋼材表面には**腐食電池**が形成され、腐食部と健全部との間に電位差が生じます。電気防食は、このような鋼材表面の電位差を強制的に解消させることにより、鋼材腐食の進行を抑制する効果があります。電気防食工法の陽極システムには、外部電源から強制的に電流を流し続ける**外部電源方式**（図 6・7）と内部鋼材よりイオン化傾向の大きい亜鉛などの金属を陽極材として電池作用により電流を流す**流電陽極方式**（図 6・8）があります。

❖ **脱塩工法**

> episode ♣ **断面修復後の鉄筋再腐食はどうして生じるの？**
>
> 塩害環境下にある鉄筋コンクリート橋の補修として、断面修復工法が採用されることがありますが、部分的な断面修復を行ったために補修部と未補修部の境界部で再劣化によるコンクリートの浮きや剥離などの変状が現れたという事例があります。これは、補修部と未補修部の境界部付近に電位差が生じ、図に示すようなマクロセル電流（腐食電流）が発生して鉄筋が再腐食してしまうからです。この電位差が大きいほど、鉄筋の腐食は進行しやすくなります。マクロセル電流の発生を防止するために亜硝酸リチウムやアミノアルコール系の防せい材を添加したポリマーセメントペーストが断面修復材として使われている場合もあります。
>
> マクロセル腐食

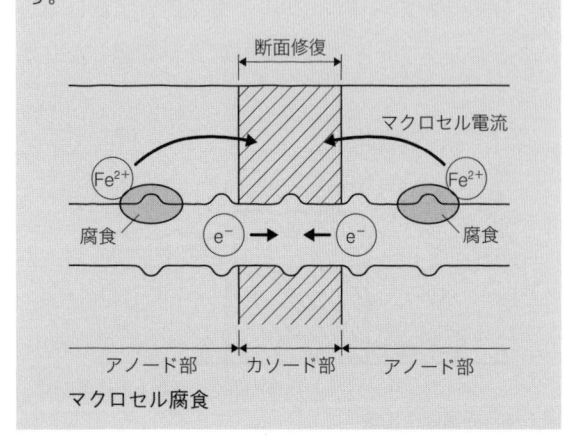

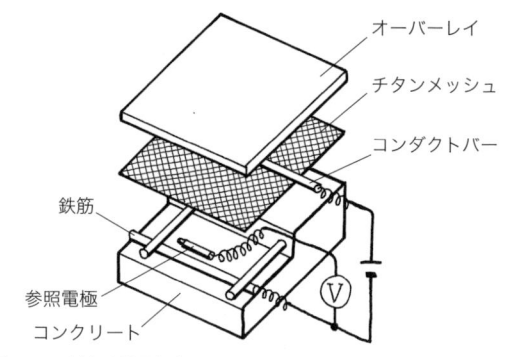

図 6・7 外部電源方式

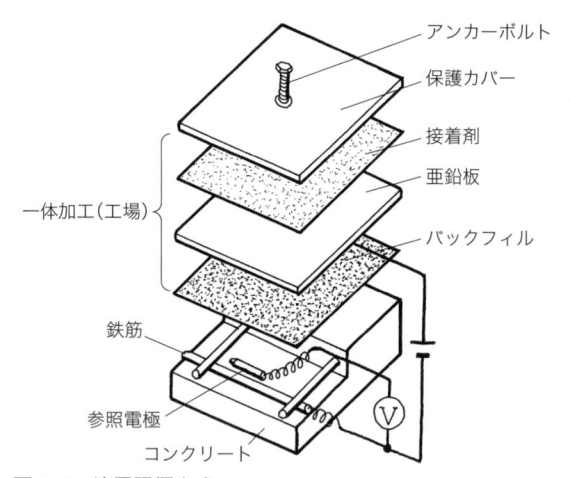

図 6・8 流電陽極方式

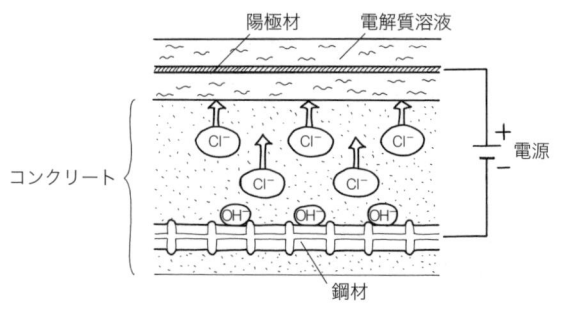

図 6・9 脱塩工法

脱塩工法は、図6·9に示すように、コンクリート表面に電解質溶液を含んだ陽極材を設置して、コンクリート中の鋼材（陰極）へ直流電流を流す工法です。これにより、コンクリート中に存在する塩化物イオンをコンクリートの外側（陽極側）へ移動させ、鋼材の腐食因子である塩化物イオンを除去・低減させることができます。電解質溶液には、水酸化カルシウム（$Ca(OH)_2$）やほう酸リチウム（Li_3BO_3）などを含んだ溶液が用いられます。

脱塩工法では、鋼材表面に水素が発生します。PC（プレストレストコンクリート）構造物に適用する場合には、PC鋼材の水素脆化（すいそぜいか）が懸念されていましたが、これまでの研究で問題ないことが明らかになっています。

❖ 再アルカリ化工法

再アルカリ化工法は、コンクリート表面に炭酸カリウム（K_2CO_3）などのアルカリ性溶液を含んだ陽極材を設置し、コンクリート中の鋼材（陰極）へ直流電流を流す工法です。これにより、空気中の二酸化炭素によって中性化したコンクリート中にアルカリ性溶液を強制的に浸透（電気浸透）させ、本来のコンクリートが有するpH（pH12〜13程度）にまで回復させることができます。

アルカリシリカ反応（ASR）により劣化したコンクリート構造物に適用する場合には、電解質溶液の種類によって反応を促進する可能性があるのでじゅうぶんな検討が必要になります。

❖ 電着工法

電着工法は、コンクリート表面から離れたところに陽極材を設置し、コンクリート中の鋼材（陰極）へ電解質溶液（海水など）を通して直流電流を流す工法です。これにより、電解質をコンクリート表面に析出させて、コンクリートに発生したひび割れの閉塞や表層部の緻密化が可能です。この効果によって、鋼材腐食の進行を抑制し、耐久性を向上することができます。

2 力学的な性能の回復あるいは向上を目的とした補修・補強工法とその特徴

コンクリート構造物に対する補強の主な目的は、コンクリート構造物の安全性あるいは使用性のうちの力学的な性能を、建設時よりも高い水準に引き上げることです。コンクリート部材を対象とした場合は、主として、**曲げ耐力、せん断耐力、変形性能（じん性）**を向上させることが目的となります。例えば、耐震補強も補強の1つです。大きな地震が発生してコンクリート構造物に損傷などの被害が生じたことがこれまでにも数多くありました。大きな地震を経験して、耐震に関する設計基準などが改定され、要求される耐震性能が引き上げられることもありま

表6·2 補強工法の適用部材の例

工法の概要	主な工法の例*	適用部材			
		全般	はり	柱	スラブ
接着	接着工法		◎	○	◎
巻立て	巻立て工法			◎	
プレストレスの導入	外ケーブル工法	◎	○	○	
断面の増厚	増厚工法		○		◎
部材の交換	打換え工法		○	○	◎

◎：実績が比較的多いもの、○：適用が可能と考えられるもの
＊接着工法：鋼板接着工法、FRP接着工法（連続繊維シート接着工法、連続繊維板接着工法）
　巻立て工法：鋼板巻立て工法、FRP巻立て工法（連続繊維シート巻立て工法、連続繊維板巻立て工法）、RC巻立て工法、モルタル吹付け工法、プレキャストパネル巻立て工法
　プレストレス導入：外ケーブル工法、内ケーブル工法
　増厚工法：上面増厚工法、下面増厚工法、下面吹付け工法
（出典：㈳土木学会『コンクリート標準示方書［維持管理編］2007年制定』2008、p.73）

解説 ♠ 水素脆化とは？

大きな力が加わっている鋼材表面近傍で水素が発生すると、水素が鋼材内部に吸収され、分子の間に細かいき裂ができて鋼材がもろくなり、最終的には鋼材が破断してしまいます。ですから、PC（プレストレストコンクリート）構造物において、あらかじめPC鋼材に大きな力（プレストレス力）が作用していると、わずかなき裂の発生がPC鋼材の破断を引き起こし、重大な事故を招くことになってしまいます。

す。その結果、それまでの基準を満たしているコンクリート構造物であっても要求される耐震性能の水準を満足しなくなることがあります。耐震補強は、このような構造物を最新の基準における耐震性能を満足させるために実施する補強です。

現在実施されている補強工法の代表例は図6・2(b)の通りです。また、表6・2に各種補強工法とその適用部材についてまとめています。なお、これらの工法は、力学的な性能の回復を目的とした補修工法としても用いられます。ただし、補強に関する技術は現在も発展途上の段階にあって、新しい補強工法が開発されたり、これまでの補強工法にも改良が加えられたりすることがありますので、ここで示した分類は今後変化していくでしょう。

補強工法の分類に、「増設工法」（梁（桁）増設工法あるいは支持点増設工法）というものがあります。橋梁の床版において主桁と主桁の間に縦桁を増設し て床版支間を短くする工法は「増設工法」の一例ですが、支持部材が増加することで、もとの床版の断面力を低減する効果があります。これらも、構造形式を変更して構造体としての力学的性能を向上させることから補強に分類されます。

以下ではこのような構造体としての補強は除き、図6・2(b)に示したコンクリート構造物を構成するコンクリート部材の補強工法とその特徴を見ていきましょう。

①打換え工法

劣化が著しい場合や、他の補強のみで部材の耐力や剛性の回復が困難な場合、既設の部材を撤去して新たな部材を構築する工法です。新たな部材は現地で鉄筋を組んでコンクリートを打ち込む方法や、工期を短くするために工場などで製作されたプレキャスト部材を架設する方法があります。この工法では、部材の性能を確実に向上させることができますが、打ち換えの施工期間中は構造物の供用を規制しなければならないことが多く、工期や経済性について検討しなければなりません。

②増厚工法

❖上面増厚工法

主に床版部材を対象として、床版上面にセメント系材料を打ち足して断面を増加させる工法です（図6・10）。曲げ耐力や**押抜きせん断耐力**（床を踏み抜くような破壊に対する抵抗力。コラム「押抜きせん断破壊とは？」を参照）などが向上します。打ち足

解説 ♠ 押抜きせん断破壊とは？

一般の鉄筋コンクリート構造物において、押抜きせん断破壊が問題になることは少ないのですが、鉄筋コンクリート床版に自動車の輪荷重が作用する場合や、鉄筋コンクリート床版が柱に直接支えられている構造形式の場合、部分的に大きな集中荷重を受けることになります。この場合、荷重を受ける面の下部のコンクリートが円錐あるいは角錐台状に押し抜けて破壊することがあります。このような破壊を押抜きせん断破壊とよびます。

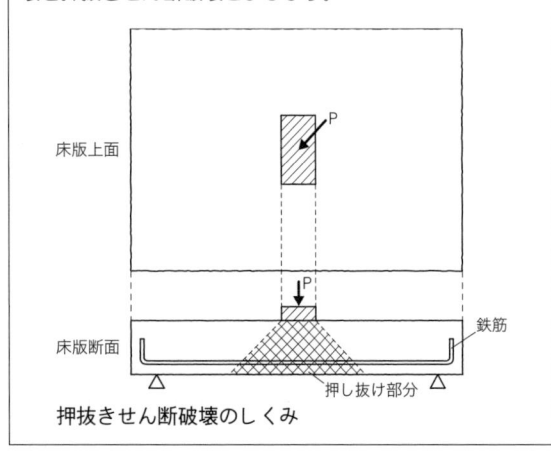

押抜きせん断破壊のしくみ

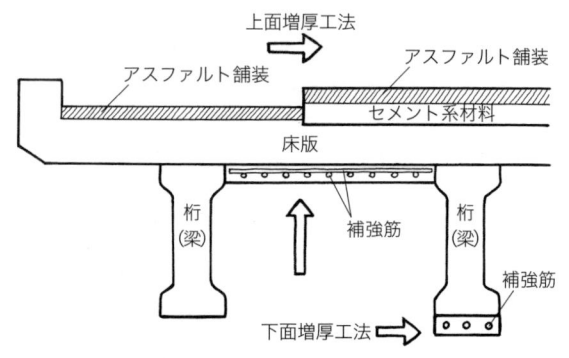

図6・10 上面増厚工法および下面増厚工法

す断面中に鉄筋を配置することもありますし、ひび割れへの抵抗性を高めるために長さ数ミリの短い繊維を練り混ぜた**繊維補強コンクリート**を用いることもあります。

この工法では施工中に交通規制を伴うため、施工時間の短縮を目的としてきわめて硬化の速い超速硬繊維補強コンクリートを使用する事例もあります。さらに、床版上面から部材中への水の浸入が劣化の大きな要因となるため、排水処理や床版防水工法をあわせて用いることが大切です。

❖ **下面増厚工法**

主に梁や床版部材を対象として、梁あるいは床版下面に鉄筋などの補強材を追加で配置し、セメント系材料を打ち足して断面を増加させる工法です（図6・10）。曲げ耐力や押抜きせん断耐力などが向上します。増厚した断面が外力に対して有効に抵抗するためには、既存部材との一体性が重要になるので、増厚材料には付着性の高い材料を用いる必要があります。

部材の下面から上向きに施工することや、供用中の振動荷重作用下で施工をしなければならないこともあり、増厚材料には優れた施工性が要求されます。

③ **巻立て工法**

巻立て工法は、いずれも主に柱（橋脚）や壁部材を対象として、既設部材の周囲に補強部材あるいは補強材を追加する工法になります。

❖ **コンクリート巻立て工法**

既設柱（橋脚）あるいは壁部材の周囲に鉄筋を配置し、コンクリートを打ち足して断面を増加させる工法です（図6・11）。せん断耐力や変形性能（じん性）が向上します。また、部材周囲の軸方向に配置した鉄筋を柱（橋脚）のフーチングに定着することで曲げ耐力が向上します。これらの力学的な性能が、巻立て補強部に従来のコンクリート施工技術を用いることで比較的容易に向上します。

しかし、補強後の断面が大きく増加することで、部材の自重が増加することになります。また、断面が増加して近接の部材や設備に支障がでる場合は適用が困難です。さらに、鉄筋組立て、型枠設置およびコンクリート打ち込みにはある程度の施工スペースが必要とされるため、狭い場所には適していません。

これらの問題を解消するために、部材周囲に配置する鉄筋に高強度鉄筋を用い、モルタルを吹付け工法により巻き立て、断面の増加を幾分抑える「モルタル吹付け工法」が開発されています。また、鉄筋を内部に配置したプレキャストパネルを工場で製作し、現場にもち込んで部材周囲に配置して、それぞれのパネルを接合して巻き立てることで施工性を向上させた「プレキャストパネル工法」もあります。

❖ **FRP巻立て工法**

既設柱（橋脚）あるいは壁部材の周囲に**連続繊維シート**を配置し、既設部材と連続繊維シートを一体化する工法です。連続繊維シートは、炭素繊維、アラミド繊維、ガラス繊維などの繊維材を一方向ある

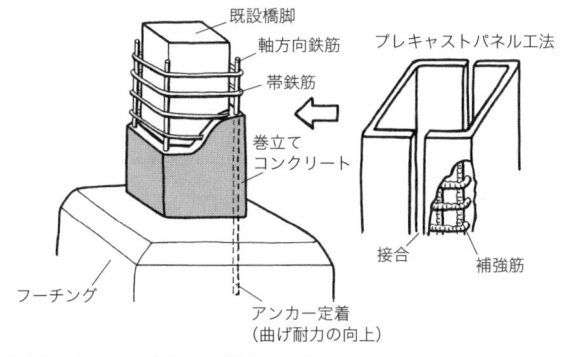

図6・11　コンクリート巻立て工法

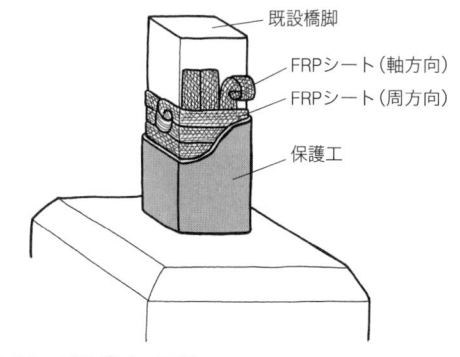

図6・12　FRP巻立て工法

いは多方向に配列してシート状にした補強材です。これを現場でエポキシ樹脂などの樹脂材料を用いて含浸、接着し、硬化させてFRP（Fiber Reinforced Plastic）とします（図6・12）。これにより、せん断耐力や変形性能（じん性）が向上します。補強材が高強度かつ軽量であり、人力による施工が可能であるため、狭い場所での施工に適しており、部材自重の増加もほとんどありません。

しかし、含浸、接着のための樹脂材料は、一般に熱、温度、湿度あるいは紫外線などの影響を受けやすいため、施工性や耐久性に配慮が必要となります。通常、連続繊維シートを衝撃や紫外線から守るための保護層が表面に設けられます。

❖ **鋼板巻立て工法**

既設柱（橋脚）あるいは壁部材の周囲に鋼板を配置し、既設部材と鋼板の間に充填材を充填して既設部材と鋼板を一体化する工法です（図6・13）。せん断耐力や変形性能（じん性）が向上します。また、部材周囲に配置した鋼板を柱（橋脚）のフーチングに定着することで曲げ耐力が向上します。既設部材と鋼板の間に充填する充填材には、無収縮モルタルのような収縮を生じない材料を用い、注入時には鋼板が変形しないように注意する必要があります。また、鋼板の継ぎ目には確実な溶接技術が望まれるほか、鋼板への定期的な塗装が必要となります。

しかし、断面の増加、自重の増加が少なく、比較的狭い場所でも施工できます。現場溶接による継ぎ目の不確実性を低減するために、鋼板の継ぎ目に機械式の継ぎ手を採用している事例もあります。

④接着工法

❖ **FRP接着工法**

既設部材に接着剤やアンカーを用いて連続繊維シートを接着し、既設部材と連続繊維シートを一体化する工法です。連続繊維シートは、「FRP巻立て工法」で説明したように、炭素繊維、アラミド繊維、ガラス繊維などの繊維材を一方向あるいは多方向に配列してシート状にした補強材です。これを現場でエポキシ樹脂などの樹脂材料を用いて含浸、接着し、硬化させてFRPとする他、工場であらかじめ板状に成形したFRP板を現場で接着あるいは定着することもあります（図6・14）。ほぼすべての種類の部材に適用可能で、曲げ耐力やせん断耐力が向上します。補強材が高強度かつ軽量であるため、部材自重の増加がほとんどないまま、力学的な性能を向上させることができます。連続繊維シートの積層枚数の調節により、必要な補強量が選択できる特徴もあります。また、施工性に優れており、狭い場所での施工に適しているため、箱桁内部のような限られた作業スペースでの施工が可能です。

しかし、「FRP巻立て工法」と同じく、含浸、接着のための樹脂材料は、一般に熱、温度、湿度あるいは紫外線などの影響を受けやすいため、施工性や耐久性に配慮が必要となります。通常、連続繊維シートを衝撃や紫外線から守るための保護層が表面に

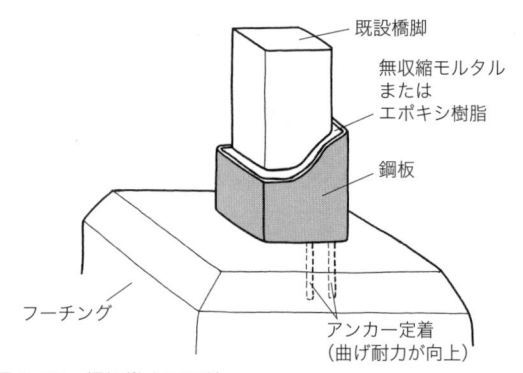

図6・13　鋼板巻立て工法

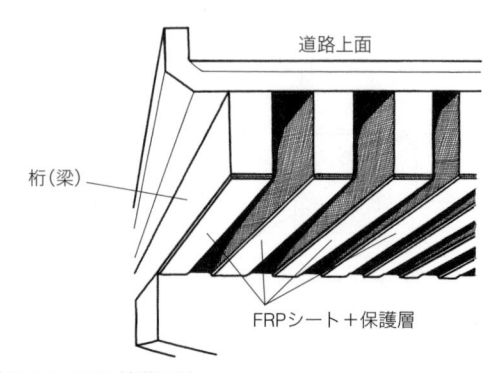

図6・14　FRP接着工法

設けられます。

❖ **鋼板接着工法**

既設部材に接着剤やアンカーを用いて鋼板を接着し、既設部材と鋼板を一体化する工法です（図6·15）。ほぼすべての種類の部材に適用可能で、曲げ耐力やせん断耐力が向上します。既設部材と鋼板の間に充填する充填材の注入時に、特に梁や床版部材のように上向きに鋼板を接着する場合、鋼板が変形しないよう注意する必要があります。

⑤ プレストレス導入工法

❖ **外ケーブル工法**

主に梁（桁）部材を対象として、梁（桁）部材側面あるいは箱桁内部にPCケーブルなどの緊張材（外ケーブル）を配置し、緊張材に与えた緊張力を用いてコンクリートにプレストレスを導入する工法です（図6·16）。引張に抵抗する鋼材量が増加しますので、曲げ耐力が向上します。ただし、緊張材と既存コンクリート部材に付着はありませんので、剛性の向上は大きくは望めません。一方、緊張材とその定着部などが部材の外側に位置しますので、補強後の点検や取り替えが容易です。

3 鋼構造物の補修・補強

鋼構造物によく見られる症状は、**腐食や疲労き裂**です。これらの症状に対する補修・補強工法とその特徴を紹介します。

---

episode ♣ FRPの用途いろいろ

炭素繊維やアラミド繊維などの合成繊維材料と合成樹脂材料を組み合わせて用いるFRPは、軽量、高強度、高耐食性といった特徴を生かし、土木・建築などの建設分野だけでなく、さまざまな分野で利用されています。航空宇宙分野では、航空機の本体構造や宇宙ステーションの一部に使用されています。また、スポーツ・レジャー分野では、ゴルフクラブ、釣竿、スキー・スノーボードあるいは自転車などに使用されています。さらに、アラミド繊維のFRPは、その耐衝撃性の高さを利用して、防弾チョッキに用いられることがあります。

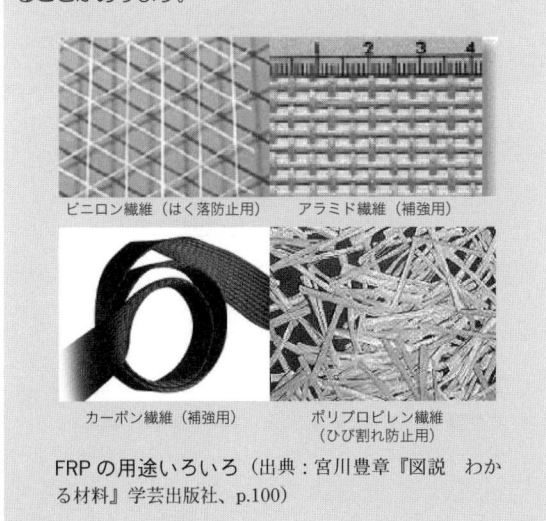

ビニロン繊維（はく落防止用）　アラミド繊維（補強用）
カーボン繊維（補強用）　ポリプロピレン繊維（ひび割れ防止用）

FRPの用途いろいろ（出典：宮川豊章『図説　わかる材料』学芸出版社、p.100）

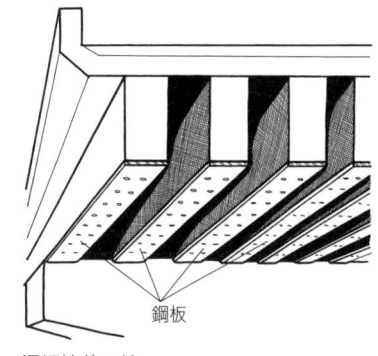

図6·15　鋼板接着工法

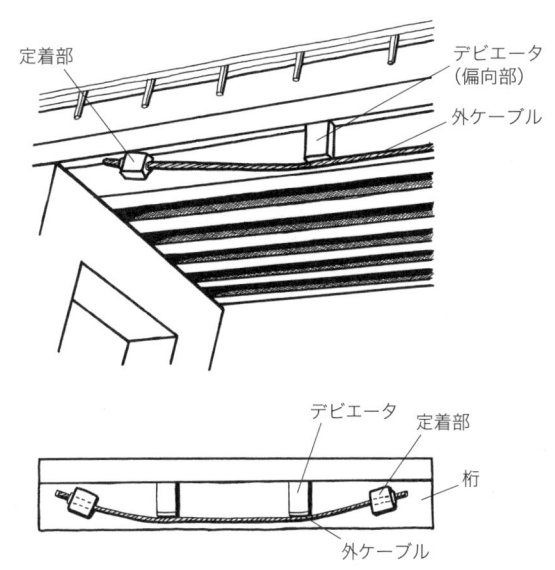

図6·16　外ケーブル工法

1 補修工法とその特徴

鋼構造物に対する補修の主な目的は、腐食やき裂による部材の**断面欠損**（断面の一部がなくなってしまうこと）を補うことです。以下にその一例を示します。

①塗装の塗替え

塗装とはカラフルに構造物を飾るだけが目的ではなく、鋼構造物を周囲の環境から保護する目的もあります。むき出しのままの鋼材が外部の環境にさらされると、雨・風・雪などの影響により赤茶けて（さびて）きます。こうなると見た目もよくありませんし、鋼の一部がさびて異なる物質になるため、本来の鋼材としての性質を失ってしまいます。したがって、腐食が激しい場合には断面の一部がなくなったことになります（**断面欠損**）。

このような現象を防ぐために、一般的に、鋼材は塗装されています。この塗装自身も環境の影響をうけてはがれてきたり、何かが衝突することにより削られたりするため、定期的に塗替える必要があります。これにより耐久性が回復し、見た目の良さも回復します。

塗装は目的に応じて何層かに分けて塗られます。塗装材料としてはエポキシ樹脂、フッ素樹脂などが用いられ、環境にやさしい塗料として水性塗料、無溶剤系塗料なども開発されています。塗装は日光（なかでも紫外線）を浴びることによって劣化し、変質したり変色したりします。また、鋼材は温度差によって伸縮するため、この時に生じるひずみが原因となって割れが生じたりします。さらに、塩分の付着などによって塗膜の付着力が低下し、はがれることもあります。何かが衝突することによって傷が生じると、そこからさびが生じることもあります。

一般に、寒暖の差が激しい海岸沿いや、冬季に融雪剤が必要とされるような環境（塩害環境）が塗装にとっては好ましくない環境であるといえます。塗装の耐用年数（耐久性）は塗装の種類によっても異

解説 ♠ APAT（エーパット）工法（外部スパイラル鋼線巻立耐震補強工法）

コンクリート構造物の力学的な性能を建設時よりも高い水準に引き上げることが、補強の大きな目的であると書きました。しかし最近、補強したあとに再び地震力や劣化外力を受けた時、補強された内側の見えない既存部材に損傷や変状が生じていないだろうか、ということを確認できる工法、技術が望まれています。これは、これまで紹介した耐震補強工法のほとんどが、既存部材を覆い隠してしまうタイプの工法であり、地震後や定期点検での内部の調査が容易でないためです。

これに対して、コンクリート巻立て工法のうちのプレキャストパネル工法に類似した手法ですが、分割したプレキャストコンクリートブロックを柱に取り付け、その外側に鋼より線を巻きつける APAT（エーパット）工法が開発されました。この工法では、工法の概念図にも示した通り、分割したコンクリートブロックを既設 RC 柱部材の周りに設置するため、柱の角などの一部に隙間を設けることができ、この部分から内部の既設 RC 柱を直接目視できます。これにより、既設 RC 柱に対する地震後の損傷観察や定期的な点検を行うことができます。また、地震後に補修が必要となった場合、鋼より線やコンクリートブロックを一旦撤去することで既設 RC 柱部材を容易に復旧することができ、構造物の早期復旧が可能となります。現在は、鉄道の高架を支える RC 柱部材（鉄道ラーメン高架橋の橋脚）に適用されていることが多いようです。鉄道高架橋の下を通過する時、少し足を止めて見上げてみてください。

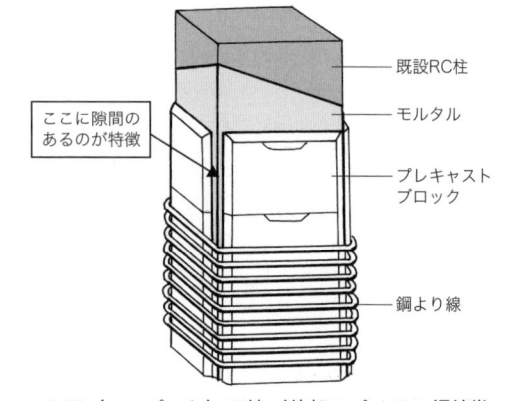

APAT（エーパット）工法（外部スパイラル鋼線巻立耐震補強工法）のしくみ（参考：JR 西日本コンサルタンツ㈱ホームページ）

なりますが、鋼橋に用いられている塗装のなかで比較的耐久性の高い塗装で、一般環境において60年、塩害環境において30年程度とするデータもあります。今後、新しい塗装材料の開発とともに耐久性が変化していくでしょう。

また塗装の塗替えに際しては、劣化した塗装やさびを除去して素地調整する「ケレン処理」が行われます。処理の程度によって1～4種ケレン（1種ケレンが最も高いレベルの処理）があります。

②溶接補修

疲労き裂は主に鋼板と鋼板とを溶接によって接合した箇所や、部材の形状が急に変化している部分に生じます。溶接補修とは、これら疲労き裂の生じている箇所を部分的に取り除き、それによって減少した部分を溶接によって埋め戻す工法です。これにより耐久性が回復します。

ただし、埋め戻す際の溶接に不備があると、さらに疲労き裂が生じる可能性もあり、丁寧な施工が重要です。

③あて板補修

鋼材が腐食したり、疲労き裂が生じたりすると断面が一部なくなり、力を伝達する部分が少なくなります。この失った断面を回復するために部材に新しい板（鋼板やFRP板など）を追加し補修することをあて板補修といいます。主に耐久性の回復を目的としています。

例えば、図6・17のように、疲労き裂が生じている箇所を補修することを考えます。疲労き裂が生じることによって、部材に生じる力は疲労き裂を避け、他の部分で受けもたれてしまいます。こうなると疲労き裂の周辺では疲労き裂のない健全な状態と比べて大きな応力が生じることになります。あて板補修では、疲労き裂をまたぐように板をボルト接合や接着接合などで部材に取り付けます。こうすることによって、あて板に力が伝達され疲労き裂周辺の応力が低下します。応力が低下することによって補修以後の疲労き裂の進展が遅くなり、耐久性が向上します。

④ストップホール

鋼材に生じた疲労き裂は、放っておくとそのまま進展し続け、最終的には部材がちぎれて（破断して）しまい、構造物全体の耐荷力（強度）が急激に低下してしまう可能性もあります。そこで、疲労き裂の先端部に孔をあけ、疲労き裂先端部を取り除いてしまう工法があります。この疲労き裂先端部に設ける孔のことを「**ストップホール**」と呼びます（図6・18）。

疲労き裂は先端部に高い応力が集中することによって進展することがわかっており、ひじょうに鋭角

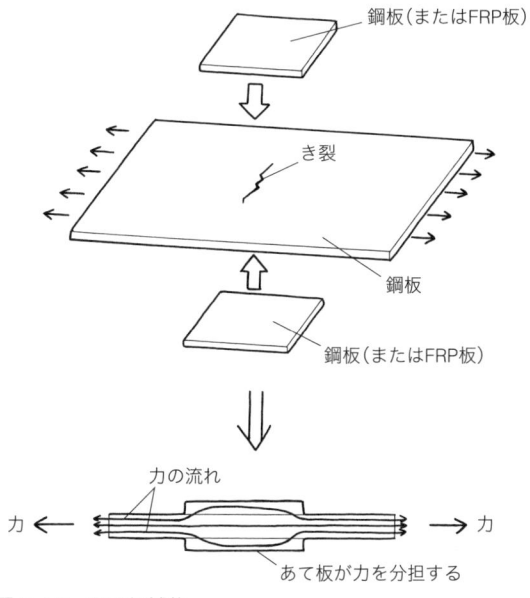

図6・17　あて板補修

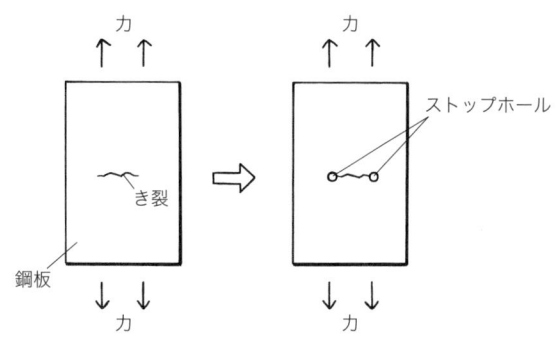

図6・18　ストップホール

な疲労き裂先端部をまるい円形の先端へと形状を変化させることにより、疲労き裂の進展を抑制することができます。耐荷力の低下を止める、もしくは遅くするという意味で補修工法の1つであると考えられます。

⑤排水設備の追加・改良

鋼材が腐食する主な原因は雨にさらされることです。すなわち、鋼材は湿った環境におかれるとさびやすくなるということです。橋は風雨にさらされる環境にあるため、どうしても濡れてしまいます。橋の上に降った雨がきちんと流れて、雨が止んだ後に部材が乾燥するような状態になれば腐食しにくいのですが、構造によっては降った雨が橋を構成する部材のすき間などに溜まってしまうこともあります。

このような水はけの悪い箇所は、特に橋桁の端部や箱型をした主桁の内側にあります。水はけの悪い箇所をなくすために、雨水がきちんと排水されるように排水桝を設置したり、排水用の孔を設けたり排水設備を追加・改良することもあります。

2 補強工法とその特徴

鋼構造物に対する補強の主な目的は、耐荷力（強度）や剛性を向上させることにより、構造物が本来有していた以上に性能を向上させることです。構造物の時間的な性能の変化だけでなく、供用状況の変化によって要求性能レベルが変化し補強が必要となる場合もあります。例えば橋梁の場合、交通車両の重量増加などにより、桁の耐荷力を増加させる（補強する）必要が生じます。以下にその一例を示します。

①あて板補強（部材増厚）

部材に鋼板やFRP板を接着接合やボルト接合、溶接を用いて取り付けることによって、部材の断面積を増加させます。これにより強度や剛性が向上します。あて板補修も同様に鋼板などを取り付けますが、あて板補強は既存の部材に断面欠損が生じていない場合にも行われることが大きな違いです。また、あて板補修は断面欠損が生じている箇所に部分的に用いられますが（図6·19）、あて板補強は構造物の強度や剛性を向上させるために部材の広範囲にわたって用いられる点も異なります（例えば図6·20に示すカバープレートなど）。

②構造改良

部材の増厚だけでは要求される性能に達しない場

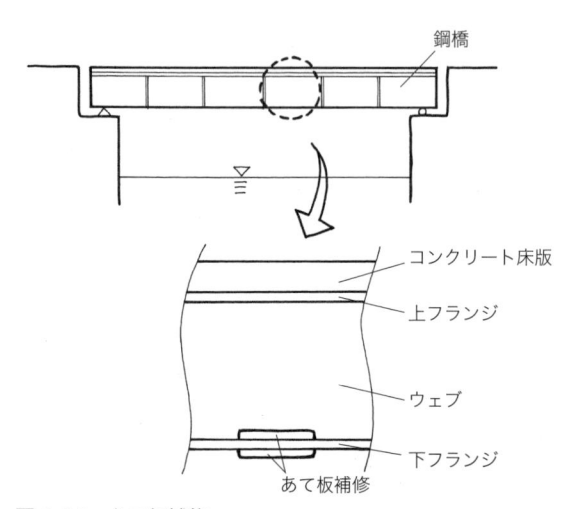

図6·19 あて板補修

図6·20 カバープレート

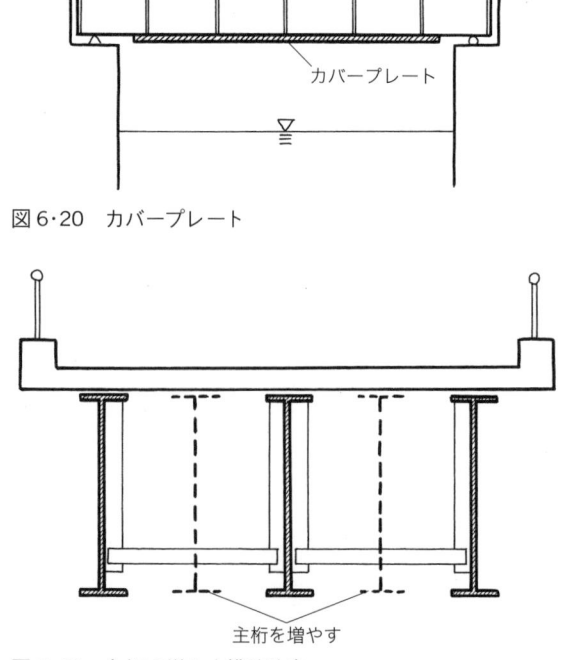

図6·21 主桁を増やす構造改良

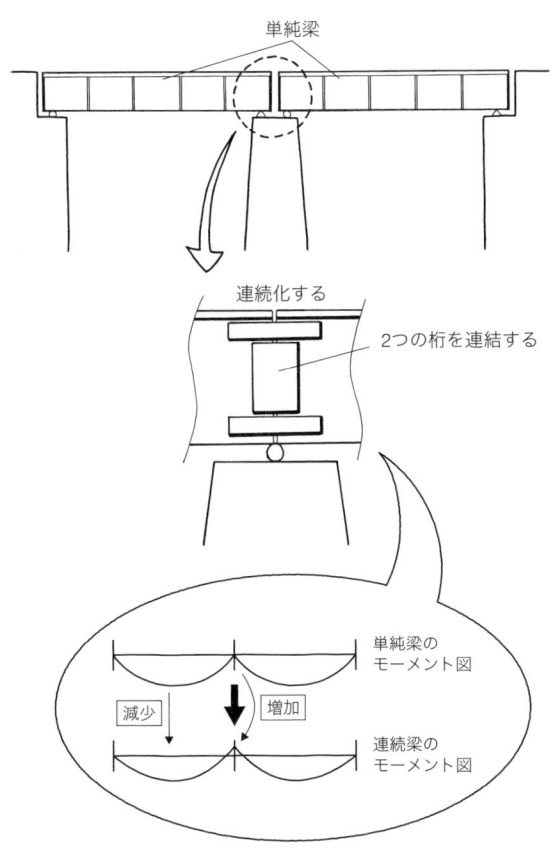

図6・22 桁を連結する構造改良

合、構造を改良する必要があります。例えば、鋼桁橋において主桁の数を増やしたり（図6・21）、単純桁が連続しているものを支点上で桁を連結し連続桁に改良したり（図6・22）します。主桁の数を増やすことにより構造物としての剛性が増加し、たわみが減少、使用性が向上すると同時に、荷重を受けもつ桁が増えたことにより1本の桁に作用する断面力（せん断力や曲げモーメント）が低下し、構造物としての強度が向上します。単純桁の連続化では、主に曲げモーメント分布が変化し支間中央の曲げモーメントが減少します。一方、連続桁に構造改良した後の中間支点上断面においては、構造改良前には生じていなかった曲げモーメントが生じることになるため、新たな検討が必要となります（図6・22）。

このように、構造改良によって構造物の剛性が向上したり、同じ荷重が載荷されたとしても部材に生じる断面力が変化し、構造物としての強度が向上したりします。

参考文献

1) ㈳土木学会『コンクリート標準示方書［維持管理編］2007年制定』2008
2) ㈳日本コンクリート工学協会『コンクリートのひび割れ調査、補修・補強指針－2009－』2009
3) ㈳土木学会『表面保護工法設計施工指針（案）』コンクリートライブラリー119、2005
4) ㈳土木学会『電気化学的防食工法設計施工指針（案）』コンクリートライブラリー117、2001
5) ㈳日本道路協会『鋼道路橋塗装・防食便覧』2008

7章 構造物のマネジメント

1 構造物のマネジメントとは

1 マネジメントとは"やりくり"すること

私たちの生活の場を支えているのは多くの社会基盤構造物です。それらが互いに役割を分担しあって、協力して社会を支えています。膨大な構造物の建設には多くの経費が必要となるため、それらをできるだけ長く使い続けることが、コスト縮減や持続的発展が可能な社会の構築に貢献することになります。

しかし、3章で述べられているように、構造物には使ううちに劣化が起こり、必ずしもすべての構造物を長期にわたって使い続けることができるわけではありません。そこで、建設する前から構造物を長く使うことを考え、計画的に構造物の管理をしていくこと、あるいは既設の構造物に関しても、これから何年使い続けるのかを想定したうえで、以降の構造物のメンテナンスを行っていくことが重要となります。

ところが、社会を形成する構造物は数が多く、小規模のものから大規模のものまでさまざまです。また、それぞれが互いに結びつきネットワークを形成するように関連をもっており、他の構造物との関係も含めて取り扱うことが必要な場合も多くなります。

したがって、定期的に検査を行うにしても、優先順位を考えたり、将来的な補修・補強費の投資との関係を考える必要が生じます。そこで、構造物に対して有効なメンテナンスを、効率的に計画的に行うために、マネジメントが必要になるわけです。

そもそも"manage"には、「やりくりする」という意味があるように、**マネジメント**（management）とは「ある目的を、より能率的、効果的かつ安全に達成するために、プロジェクトチームのリーダーもしくはスタッフが計画し、組織化を図り、指揮、命令し、動機づけを行い、調整し、統制するという一連の管理活動」[※1]を指します。

一般的なマネジメントの対象にはさまざまなものがありますが、例えば、社会基盤施設に関していえば建設マネジメントなどがあげられます。建設マネジメントとは、社会基盤施設整備を中心とする公共土木工事や民間開発工事を対象に、企画・調査から維持管理段階まで、すべてのプロセスで意思決定を合理的に行い、遂行する一連の管理活動[※1]を指します。

ちなみに、「維持管理」と「メンテナンス・マネジメント」の違いは何でしょうか。「**維持管理**」とは、土木学会の『コンクリート標準示方書（維持管理編）』によると「構造物の供用期間において構造物の性能を要求された水準以上に保持するための全ての技術行為」と定義されています。一方、「メンテナンス・マネジメント」とは、解体・更新段階も含めて、収益をどのようにして確保していくか、複数の構造物をどのように保護して安全を維持していくか、コストをどのように最小化していくかなどの点にも配慮し、やりくりしていく行為です。つまり、「メンテナンス・マネジメント」は「維持管理」よりも広範囲のものを扱い、技術的行為以外のものも含めた配慮が必要になります。ただし、1章のコラム（p.9）で示したように、本来「維持管理」は「メンテナンス・マネジメント」と同じ範囲の内容を含むべきであり、今後、用語の定義も変わっていくことになるでしょう。

2 メンテナンス・マネジメントとは

それでは構造物のメンテナンス・マネジメントとは何を指すのでしょうか。構造物を管理する国や自

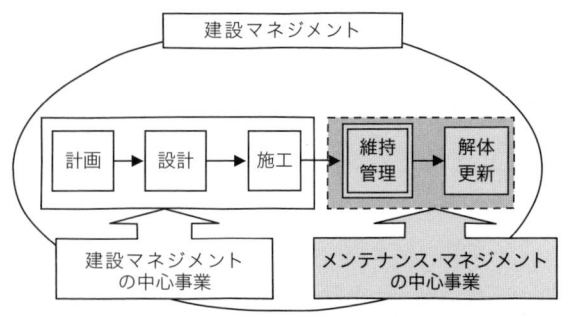

図7・1　メンテナンス・マネジメントの位置づけ

治体などの機関が、チームを編成して、構造物を安全に長期にわたって供用するために、さまざまな手段を講じながら、管理を計画的に行っていくことです。人間に置き換えると、病気の予防や健康診断、治療のための計画から実際の治療まで、さまざまな検討を行いながら進める行為に例えられます。

建設マネジメントは、図7・1のような計画から解体・更新への一連の流れで大まかに表されます。なかでも、建設マネジメントは施工を中心としたものですが、**メンテナンス・マネジメント**は維持管理と解体更新を中心としたマネジメントということになります。

2 マネジメントの役割

1 資産（アセット）として構造物を管理する

マネジメントの1つに**アセットマネジメント**があります。アセットマネジメントとは、例えば不動産管理に係る業務の1つで、投資計画をつくり、物件を調査して、売買するかどうかを決めるうえで、収益を最大化するための戦略の検討・実施などを行うことです[文2]。

橋やダムなどの社会基盤構造物を資産と考えると、その資産への投資（建設費や維持管理費など）を効率的に運用することが建設分野におけるアセットマネジメントです。後述のように地方自治体や道路会社などですでに行われている例があります。考え方としては、予防保全の観点に立ち、5年から10年程度の期間を対象として、点検結果を更新しながら、年度ごとでの補修予算を立案するものです。緊急補修・事後補修のような不確定な事象に対してはリスク管理やライフサイクルコストによる管理を用います[文3]。

近年ではシステム化も進んでいます。構造物管理者は、構造物の種類ごとに管理を行っている場合が多くあります。例えば、道路の管理者は、橋梁維持管理支援システム（**BMS**：Bridge Management System）を開発し用いているケースが増えています。これは橋梁の状態を一括管理し、その補修・補強などの対策の優先順位や定期点検などの実施時期を判断するためのツールです。

そのうちの1つであるJ-BMS（Japanese-Bridge Management System）では[文4]、橋梁の諸元データや目視点検データを「データベース」に格納し、「データベース」とのリンクによって検索された対象橋梁の種々のデータを入力して、耐荷性と耐久性を100点満点の健全度で出力します。次に、これをもとに今後の劣化予測を行い、対象部材の今後の劣化進行を視覚的に確認できます。最後に、「劣化予測機能」から出力された劣化進行状況から、それぞれの対策工法の効果および必要な費用を組み合わせて考慮することによって、今後の最適維持管理計画（工法選定、時期、**ライフサイクルコスト**など）を導き出します。

したがって、メンテナンス・マネジメントにおけるアセットマネジメントとは、社会基盤構造物という資産に対して維持管理や解体・更新を中心とした、維持管理費の投資やその優先順位の決定などを考慮して行うマネジメントということになります。

2 ライフサイクルコストの考え方

では、メンテナンス・マネジメントを行ううえで重要になる**ライフサイクルコスト**（LCC：life cycle cost）という考え方について説明しましょう。20世紀の建設事業においては、初期建設費をいかに安く構造物を造るかが最重要視されてきました。しかし、構造物の早期劣化が明らかになったり、高耐久性材

表7・1　構造物の1年当たりのコスト評価例

	シナリオ1	シナリオ2	シナリオ3
初期建設費（千万円）	90	100	110
構造物の寿命（年）	50	100	200
1年当たりのコスト（千万円／年）	1.8	1.0	0.55

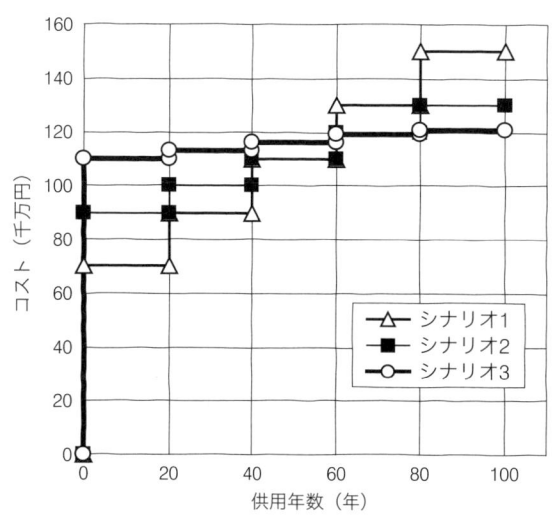

図7・2　総コストの比較事例

料の開発を背景にして、構造物の計画、設計、施工、維持管理、解体・更新というライフサイクル全体のコストで考えることの必要性が指摘されています。例えば、表7・1に構造物に必要とされる1年間当たりのコストについての一事例を示します。初期建設費を仮定すると、初期建設費が高くても寿命が長ければ、1年当たりのコストは安くなりますので、構造物の寿命を考慮した評価が必要です。

次に、図7・2に構造物の寿命が同じ場合に、総コストを比較した事例を示します。シナリオ3のように、維持管理費が少なくなるように考慮して、その分初期建設費を高くしても、総コストとしては1番安くなるケースも考えられます。一方、シナリオ1のように初期建設費が安くても、維持管理費が高くなれば100年後の総コストが1番高くなってしまう場合も考えられます。

この他に、構造物が供用期間を終え、解体・更新される際の費用を加えて、一般にライフサイクルコストと呼びます。

さらに、構造物の建設が与える環境への影響（環境負荷）に配慮して、それをコストに換算する方法や構造物の施工および維持管理において発生するCO_2量を指標化しコストに換算する方法などが考えられ、ライフサイクルコストへ反映する検討が進められています。

3 メンテナンス・マネジメントの実例

メンテナンス・マネジメントを有効に機能させるためには、点検手法やモニタリング、劣化予測、補修・補強方法などのさまざまな技術を効率的に駆使する必要があります。ここでは、特に劣化予測とマネジメント業務を支援するシステムについて取り上げ、その事例について示します。

1 メンテナンス・マネジメントにおける劣化予測

5章で劣化予測について学びましたが、実際にメンテナンス・マネジメントにおいてどのように利用するのでしょうか。劣化予測については、主に次の2つの目的・役割があります。

　　目的①：個別構造物ごとの耐用年数予測、補修時期の検討やLCC評価などへの利用

　　目的②：多数の構造物全体の耐用年数予測、補修時期の検討やLCC評価などへの利用

この内、目的①は個別構造物ごとのメンテナンス業務に直結するものであり、目的②は多数の構造物群を考慮した予算投資計画を検討するアセットマネジメント業務に関わるものです。

次に、劣化予測手法として、これらの2つの目的に対して、以下のような手法があります。

　　目的①：確定論的手法、確率論的手法（**信頼性解析法、モンテカルロ法、マルコフ連鎖モデル法**）

　　目的②：確定論的手法、確率論的手法（マルコフ連鎖モデル法など）

5章で学んだ劣化予測は、主に目的①（つまり、メンテナンス）に対応するものであり、構造物ごとにできるだけ詳細な情報をもとに、緻密な予測をしようとするものです。

　これに対して、目的②は、予算計画の全体像を描くためのアセットマネジメントに対応するものです。

　次に、手法の違いについて見ていきます。**確定論的手法**は、点検データや実験値をもとにして、劣化予測に必要な各係数値にばらつきを考慮せず、確定値として取り扱っていくものです。目的①に対しては、基本的に5章で示した劣化予測式などを用いて確定的に計算する手法です。ただし、安全側の予測・判断を確保するために、不確定要素を安全係数として考慮する必要があります。『コンクリート標準示方書』では、本書の式（5.1）で示したように「予測の精度に関する安全係数」が定義されており、構造物のばらつきや環境条件の影響を考慮して設定しなければならないとしています。しかし、安全係数をどのように設定するかは難しい問題であり、示方書においても、一般には1.0として良いとしています。また、目的①、②に対して、例えば4章で示したような劣化状態を表すグレード、あるいは5章のコラム（p.76）で示したような健全度（100点満点）を劣化曲線で表す手法が有効です。

　一方、**確率論的手法**は、劣化予測に必要な各係数値や劣化グレード、健全度などの指標値のばらつきや不確定性を考慮し、確率モデルを用いて予測を行う手法です。目的①に対しては、信頼性解析法、モンテカルロ法、目的①、②に対して、マルコフ連鎖モデル法があります。それぞれを簡単に説明します。

　信頼性解析法を塩害を例に説明しましょう。この方法では、かぶり、コンクリート表面の塩化物イオン濃度、塩化物イオンの拡散係数（浸透する速度）、鉄筋の腐食発生限界塩化物イオン濃度（鉄筋が腐食を始める際の塩化物イオン濃度）など個々の塩害要因の不確定性を統計的に表現し、理論的なモデルに当てはめることで、鉄筋の腐食発生確率などを推定するものです。時間 t とともに変化する塩化物イオン濃度の深さ方向の分布とかぶりの差で定義される限界状態関数 Z を用いて、期間 t までに鉄筋位置での塩化物イオン濃度が腐食発生限界塩化物イオン濃度を上回る（腐食が始まる）確率 P_f あるいは信頼性指標 β を計算するものです（図7・3）。

　モンテカルロ法とは、実測値や信頼できる資料から入力変数に確率密度分布を与えて乱数を使ってシミュレーションを行う方法です。乱数シミュレーションを行う方法の他に、各パラメータの実測値の度数分布を直接使用する方法があります。また、一般的には各入力変数を独立した標本として扱い、乱数シミュレーションではじゅうぶんな近似精度が得られるまで多数回の試行を繰り返しますが、使用する乱数が解明したい現象の確率分布を正しく反映していないと結果の信頼性は著しく低下します。モンテカルロ法は、信頼性解析法とは計算過程が異なるものの最終的に得られる結果（出力）としてはほぼ同じものになります（図7・4）。

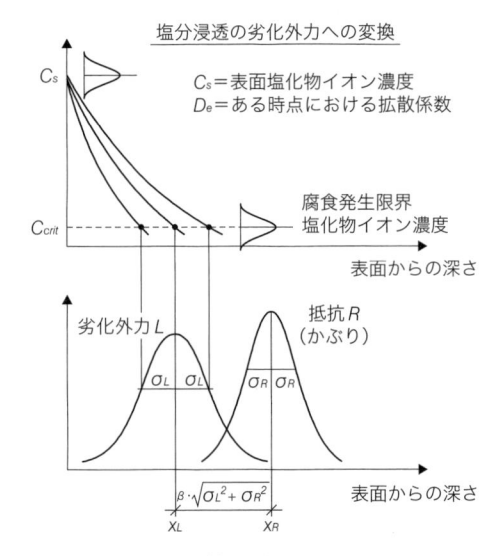

限界状態関数　$Z(x, t) = R(t) - L(t)$
信頼性指数　　$\beta = (x_R - x_L)/\sqrt{\sigma_L^2 + \sigma_R^2}$
破壊確率　　　$P_f(t) = \Phi(-\beta) = 1 - P\{Z(x, t) > 0 \text{ for all} \in [0; T]\}$

図7・3　信頼性解析法の考え方の一例[※4]

マルコフ連鎖モデルとは、実際の構造物の劣化状態から予測を行うもので、現状の確率論的モデルのなかでは最も実用性が高いと考えられています。図7・5のように、まず構造物の外観目視調査の結果に基づき各部材の劣化度を、例えば0～Vの6段階に分類します。次に、現時点からある期間が過ぎると、劣化度 i の部材は遷移確率（次の状態へ移る確率）x_i で次の劣化度に移行し、残り $(1-x_i)$ は同じ劣化度に留まります。これがすべての劣化度の部材で同時に起こり、これが繰り返されることで最終的には全部材が劣化度Vに収束していくという考え方に基づき計算されるものです。遷移確率 x_i は、点検に基づく劣化度の評価データから統計的に求めます。

以上の3つの方法について、まとめると表7・2のようになります。劣化予測についてはそれぞれの特徴を活かした活用が重要ですが、必要となる予測の精度や信頼できるデータの蓄積などに関する議論を積み重ねることが必要です。劣化予測の結果は、主に補修や補強の時期を想定する維持管理シナリオの設定に利用され、予算やLCCの検討などにも活用されます。

2 マネジメント業務を支援するシステム

マネジメント業務を合理的に行うためには、それを支援するシステムの活用が有効です。構造物の効率的なメンテナンスや、利用者に対する説明責任の必要性から実務の現場で行われているマネジメント業務を支援するシステムについて、実例を用いて紹介しましょう。

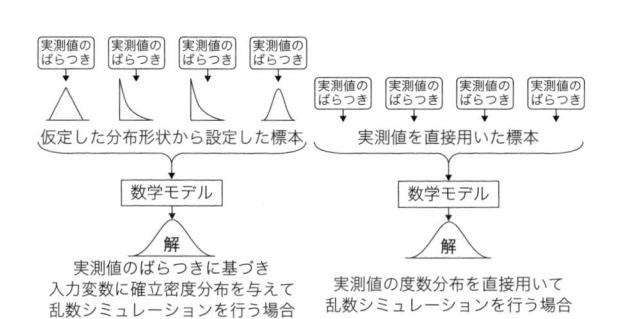

図7・4 モンテカルロ法の考え方の一例[※4]

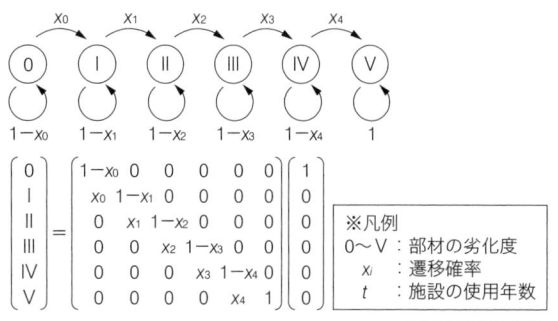

図7・5 マルコフ連鎖と遷移確率の一例[※4]

※凡例は原図に加筆

※凡例
0～V：部材の劣化度
x_i：遷移確率
t：施設の使用年数

表7・2 確率論的劣化予測手法の特徴[※4]

	信頼性解析法、モンテカルロ法	マルコフ連鎖モデル
得られる情報	任意の経過年数に対する鋼材位置の塩化物イオン濃度、鋼材の腐食開始時期（腐食発生確率）	任意の経過年数に対する任意の劣化度（グレーディング）に至る割合
入力変数	かぶり、表面塩化物イオン濃度、塩化物イオンの拡散係数、鋼材の腐食発生限界塩化物イオン濃度など	調査時点における各部材の劣化度（グレーディング）の割合、劣化度の遷移確率
有効性	・各種入力変数の不確定性に関する信頼性の高い情報が豊富な場合、構造物または部材の性能設計（性能検証や照査など）に使用可能	・直接の対象構造物や類似環境および構造条件の施設における実測の劣化度データを用いる点で、信頼性の高い予測が可能 ・複合劣化など厳密なモデル設定が難しい場合に有効
留意点	・各入力変数に関する不確定性の情報が必要 ・予測精度の向上にあたっては、さまざまな環境条件、材料・配合・養生条件などに対応可能な評価式が必要 ・現状、いくつかの仮定や試験結果を用いながらの検討であり、その予測結果の取り扱いには注意が必要	・対象構造物または類似構造物の劣化度データから遷移確率が設定されるため、予測結果に構造物特有の影響が包含される ・異なる条件（環境や構造）における構造物に対しては、適切な遷移確率の設定が適宜必要
結果の利用方法	構造物全体または部材単位の耐用年数予測、LCCや補修設計など	構造物全体または部材単位の耐用年数予測、LCC、補修設計、複数施設の維持保全戦略の最適化などアセットマネジメントへの適用

①地方自治体の取り組み事例

　地方自治体の例として先進的な取り組みを行っている青森県、東京都、山口県の事例を紹介します。

　まず、青森県[※5,6]では2003年より体制の整備を行い、2004～2005年度にアセットマネジメントシステムの構築を行っています。その内容は、

- 橋梁アセットマネジメント策定
- マネジメント支援システム構築
- データベースシステム構築
- 維持管理・点検マニュアル策定
- 補修・補強マニュアル策定
- アクションプラン策定（5ヶ年計画）
- 橋梁健全度診断

です。これらの検討をもとに、大学研究者などの有識者で構成する「青森県橋梁アセットマネジメントシステム開発コンソーシアム」を設置し、各種の検討・決定を行いました。

　アセットマネジメントの検討は、

　①橋梁の維持更新に関する基本戦略
　②個別橋梁の戦略
　③中長期予算計画
　④中期事業計画・事業実施

という流れで行われています。特に個別橋梁の戦略としては、橋梁の健全度の評価、環境条件の評価、重要度評価、維持管理シナリオ、LCCの算定を行うことになっています。中長期予算計画のなかでは、図7・6に示すように予算の制約を考慮した、費用の平準化を行い計画の策定を行っています。

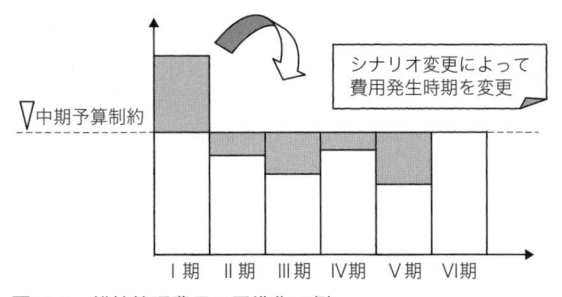

図7・6　維持管理費用の平準化の例

　これらにより50年間の投資シミュレーションの結果、50年ですべて更新する場合の費用約2000億円と比較して、50年間のLCCを最大約1200億円削減可能であることが明らかにされています。このコンソーシアムの支援を受け、㈶大阪地域計画研究所は独自に開発した汎用BMS（橋梁マネジメントシステム）を活用しマネジメント業務を進めてきました。同様に構造物のマネジメントに困っている市町村への支援も行っており、橋梁点検サポートセンターを設置し、市町村職員向けの技術研修会を開催するなどの取り組みも行っています。

　東京都[※5,7]では、2006年度より本格的に道路アセットマネジメントシステムを稼働させており、道路、橋梁、トンネルを主に管理しています。マネジメントを行うに当たっては、道路施設統合データベース（施設の情報や点検データを収集・蓄積したもの）、社会的便益算定システム（利用者が各施設から受ける社会的な利益や便利さをお金に換算して、財政状況を考慮した管理目標値を設定するもの）、資産価格算出、対策実施最適化シミュレーションシステム、道路アセットマネジメントシステムを活用しています。

　山口県では、山口大学工学部との連携により山口県版J-BMSを運用し、2004年度より山口県庁で試験運用を行っています[※5]（図7・7）。データベース機能に相当するJ-BMSデータベース（J-BMS-DB）を活用しているのが特徴であり、性能評価支援システムや橋梁維持管理計画策定支援システムから構成されています。性能評価支援システムでは、J-BMS-DBから図7・8のようにして取り出した橋梁諸元データ、各種点検データから、既存橋梁の性能評価を実行し、橋梁維持管理計画策定支援システムでは、健全度評価結果、ライフサイクルコストや予算制約を考慮した将来の維持管理計画案を策定します。さらに、J-BMS-DBは道路上の橋梁の位置情報を取り扱える地図機能（J-BMS Map）も備えています。このようなシ

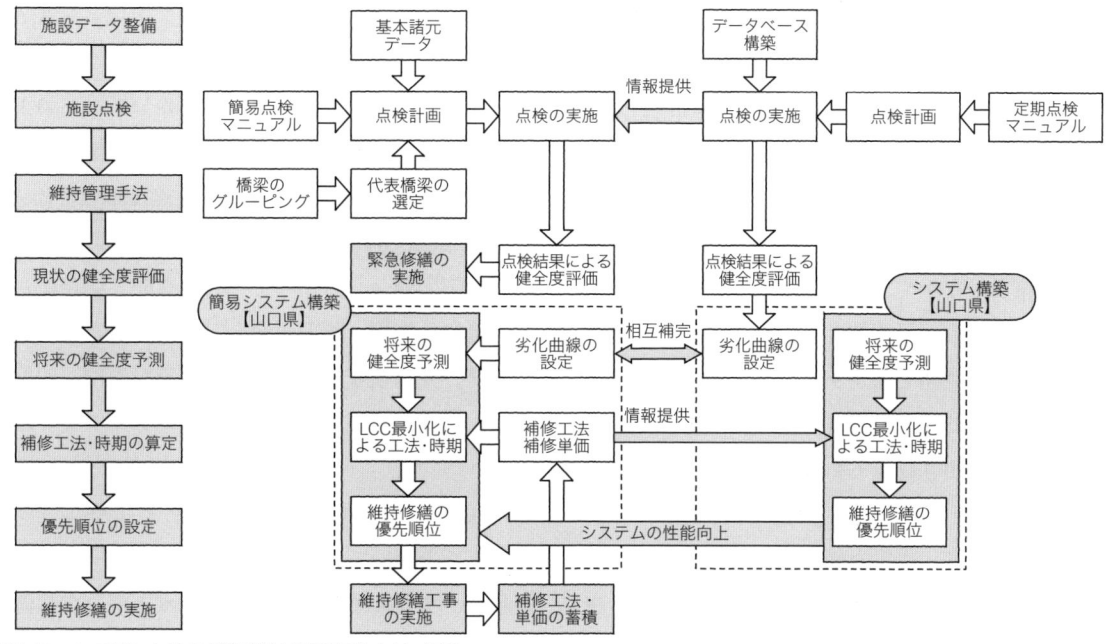

図7・7　山口県における橋梁維持管理実施方針（案）

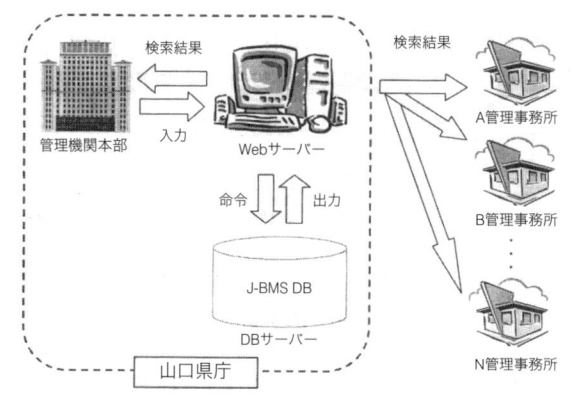

図7・8　J-BMS DBの運用形態

ステムを大学との共同開発の形で進め、橋梁維持管理システムの性能のさらなる向上をめざしています。

3 高速道路での取り組み事例

各道路会社で取り組みが進められているところですが、ここではNEXCO（東・中・西日本高速道路㈱）[文5]と阪神高速道路㈱[文8]での事例を紹介します。

NEXCOでは、道路保全情報システム（RIMS）と橋梁マネジメントシステム（BMS）、総合保全マネジメントシステム（ARM[3]）の3つのシステムを活用して道路保全管理業務に利活用しています。RIMS（Road Maintenance Information Management System）は、管理運営する高速道路などにおける道路保全データを整理・統合・共有化し、道路保全業務の処理を効率化するとともに、NEXCOの保全事業をトータルな視点からマネジメントした事業計画の策定を支援するためのシステムです。システムは、1つのデータベースと以下のいくつかのシステム群から構成されています。

①資産管理系システム

道路の保全管理に必要なデータの登録・更新などメンテナンスを行うシステム

②業務支援系システム

道路保全業務の業務処理を支援するシステム

③個別計画マネジメント系システム

道路構造物の現在の健全度評価、劣化予測を行うことにより、ライフサイクルコストなどに基づいた道路構造物個別の補修・補強計画を策定するシステム

④総合保全マネジメントシステム

顧客満足度や費用便益分析などの意思決定情報を

取り入れ、多種多様な保全事業の優先度を総合的に決定するシステム

⑤外部参照系システム

NEXCO外部の情報を効率的に参照利用するためのシステム

次に、橋梁マネジメントシステム（BMS）は、橋梁の保全業務のなかで、部材の健全度を定量的、かつ客観的に評価し、長期的な劣化を予測し、最適な対策工法と対策時期を選定することにより、橋梁の計画的かつ効率的な維持管理計画を策定することを目的として利活用されるもので、図7・9に示すような位置づけになっています。BMSでは、橋梁の詳細点検結果に基づき、橋梁を構成する部材の変状や劣化の進行を5段階のグレード（Ⅰ～Ⅴ）に区分することにより管理水準を設定しています。そして、詳細点検結果から劣化曲線を補正し（図7・10）、補修・補強シナリオ（補修・補強工法の組み合わせ）を複数選定し、ライフサイクルコストが最小となるシナリオを選定します。

ARM³（Advanced Road Maintenance Management Method）は、保全事業を効率的かつ体系的に実現するための業務支援システムとして、RIMSのなかに位置づけられています。

阪神高速道路㈱では、道路構造物の維持管理を最適に行うために、データベースシステムや橋梁マネジメントシステム、維持管理マネジメントシステムを活用したアセットマネジメントを行っています。そのうち、将来の劣化予測、LCCの分析などの工学的評価により、最適な工事規模（予算、優先）を提示するのがH-BMS（Hanshin expressway Bridge Management System）であり、LCCなどによる工学的評価が困難な「清掃」や「保守点検」業務に対して定量的な指標、管理水準を設定することで、個々の業務の業績達成度を評価し、最適な規模（頻度、体制）を提示するのが「阪神高速ロジックモデル」です。

H-BMSでは、劣化予測モデルとしてマルコフ連鎖モデルを用いて、資産・補修・点検データを統計処理し、中長期予測には確率モデルを用いて損傷確率を求め、短期予測には確定モデルを用いて機能水準を求め、劣化予測を行っています。

ロジックモデルとは、最終的な成果を設定、インプット、アウトプット、アウトカムを数値化し、それを実現するために何を行う必要があるのかを体系的に示したものです。阪神高速ロジックモデルでは、点検頻度や清掃頻度等の予算・人員情報をインプットとして、業務実施により生み出される結果である穴ぼこ発見回数や回収土砂量等（アウトプット）を求めます。それから、業務実施により生じる成果である走行時の快適性の確保や路面の不具合の低減などを中間アウトカムとして得て、最終的な成果とし

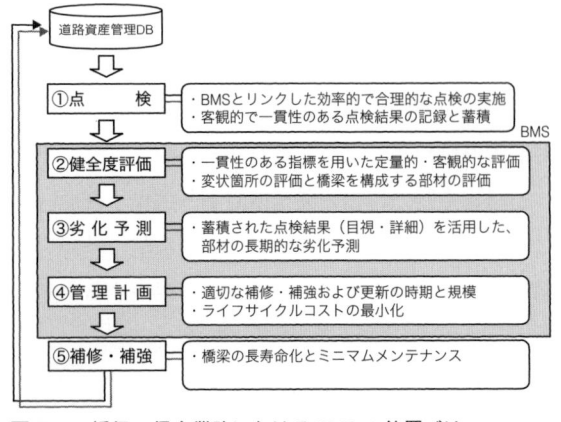

図7・9　橋梁の保全業務におけるBMSの位置づけ

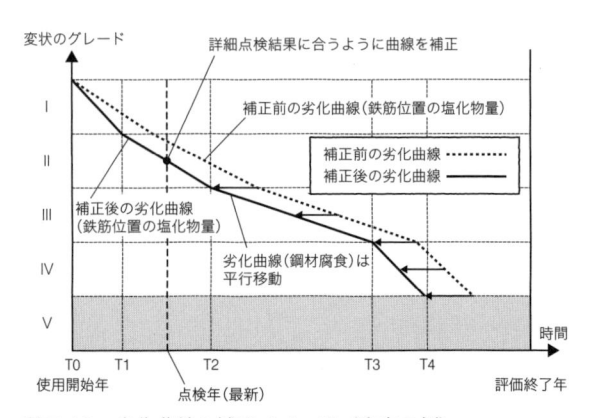

図7・10　劣化曲線の補正イメージ（塩害の例）

て安全・安心、快適、経営管理など（最終アウトカム）を得ようとするものです。さらに、それらをインプットにフィードバックすることにより、管理水準の見直しに活用しています。

また、道路・橋梁管理者の支援にも積極的で、「道路・橋梁管理者のためのメンテナンス実務者コミュニティ(Maintenance Engineer Community(MEC))」を3〜4ヶ月に1回開催し、参加者が直面している現状に関する意見交換や情報交換を行い、人材育成にも尽力しています。

以上のように、各機関において構造物の維持管理を効率よく行うためにさまざまな支援システムを活用しています。他の機関においても、それぞれの実状に合わせたシステムの開発・検討が進められ、メンテナンス・マネジメントへの利活用が期待されています。

4 将来への課題

構造物を合理的に維持管理し、持続発展的に運用していくためには、メンテナンス・マネジメントを行う体制を確立し、計画的に機能させることが不可欠です。そのためには、以下のような将来の課題が残されています。

1 調査、点検のしくみの整備

構造物の現状を知ることであり、メンテナンスの出発点になり、ひじょうに重要な行為です。しかし、各管理者は莫大な数の構造物を管理しているケースが多く、調査、点検をするだけでも多くの経費と時間が必要になりますので、多くの管理者が経費の捻出や人員の確保に頭を悩ませています。まずはすべての構造物に対して、いかに早く少ない予算で調査、点検を行い、メンテナンスの初期状態を把握するかが重要です。

2 データベースの整備

これまでに多くの構造物が建設され、劣化や災害を受け、補修や補強が施され、更新されてきました。

---

episode ♣ ボランティア・サポート・プログラム

市民と協力しながら行うマネジメントの事例があります（出典：国土交通省地方整備局）。

ボランティア・サポート・プログラムと呼ばれ、道路を慈しみ、自分たちの住む場所をきれいにしたいという自然な気持ちを行動にしようと、アメリカの事例からヒントを得て日本で考え出されたものです。実施団体（住民グループなど）は、実施区域・内容を決めた後、事務局へ活動の希望を申し出て、道路管理者（国土交通省・工事事務所など）・協力者（市町村）との3者間で協定を結び、文書で決めた内容に基づき清掃・植樹管理などを行います。ある地方整備局では、63団体が同様のプログラムに参加しているという報告もあります。また、国の機関に限らず、住民グループが市町村との連携を活かして、さまざまな活動を行っている事例も多数見られます。

現在のところ、このように市民が実施団体として協力者である自治体と連携して活動を行い、主に道路の清掃、植樹管理、トラブルの早期改善、利用者の不満の解消などに成果を残しています。

これらの活動を道路だけではなく、他の社会基盤構造物にも広げ、市民とともにマネジメントを行うしくみを構築していくことがのぞまれます。その際に、大切なことは単に清掃をして終りではなく、その構造物の歴史（施工時の苦労や社会情勢）や現在の状態（劣化や補修）などを学ぶ場も提供することではないでしょうか。その構造物自身のことを良く知れば、関心も高まり、活動のモチベーションも向上すると思います。さらに、このような活動が多くの人びとに認知されているとは思えないため、多くの市民に積極的にアピールできる機会を増やし、住民グループの輪を広げていくことも必要でしょう。

その過程は、今後のメンテナンスの参考になるだけではなく、新設構造物の設計・施工・維持管理にも必ず役立つはずです。しかし、20世紀においては構造物のそのような過程は記録に残されていないケースが多く、建設時の情報さえ不明の構造物が数多くあります。21世紀になって、維持管理活動の詳細を記録に残すことの必要性が指摘され、ようやくきちんと記録に残されるようになってきました。さらに、合理的な維持管理を行うには、それらさまざまな記

録をいつでも誰もが利用できるデータベースにしておけば、とても役立つことが期待されます。

ここでいう、**データベースとは**[※9]、多数の利用者が利用する目的で蓄積されたデータの集まりのことで、単なるデータの集まりではなく、利用者からの多様な要求に対応できるように整理して蓄積されたデータの集まりのことです。

現状におけるデータベースシステム[※10]は、道路においては都道府県や政令指定都市、一部市町村や高速道路各社などに普及しているものの、紙ベースで保管している維持管理者も多い状況です。一方、鉄道ではJR各社や大手民鉄を中心に普及が進んでいます。それぞれ構造物維持管理者が独自に開発を行っていることが多いのですが、前節で紹介した事例をはじめとして、複数の構造物維持管理者が共通のシステムを利用する事例も出てきています。これらのメリットとして、システム改修など保守費を利用者全体で負担するので個々の負担が軽くなることや、維持管理に関する情報を利用者同士で交換できる場ができることなどが挙げられます。

また、近年のデータベースは先に挙げた橋梁維持管理支援システム（BMS）と一体になったものがいくつかあり、データベースの点検データや補修データを活用して中長期的な維持管理計画を立案できるものも少なくありません。

現状の問題点[※10]としては、近年の情報技術の進歩の速さによりオペレーションシステム（OS）やハードウェアが古くなり、システムの更新を頻繁に行う必要が生じることが挙げられます。よって、インターネット上でデータベースシステムを稼働させ、OSやハードウェアに依存しないシステムを構築することも多くなっています。また、コンクリート構造物に発生する複合劣化に対する対応が不じゅうぶんなケースも見られ、その対応も課題となっています。

そのような必要性が指摘されてはいても、現実に

---

episode ♣ **ロード・セーフティーステーション**

道路に関する異常発見などの情報収集は主に道路管理者によるパトロールによって行われていますが、より速くきめ細かな対応を行うためには道路を利用する人びとからの情報提供が不可欠です。そこで、誰にでもわかりやすい窓口として国道の要所に存在し、24時間営業しているコンビニエンスストアに情報の連絡に協力してもらうというしくみがあります。店頭にもステッカー（下図）を掲示し、道路にも連絡先を明示したサインボードが設置されています。

例えば、青森県の八戸・十和田エリアでは、国道の管理延長149.8km間に、地方整備局の出先の出張所が2ヶ所ありますが、ロード・セーフティーステーションにより39ヶ所（平均区間距離約4km）の情報拠点が誕生しています。活用事例としては、大雪や地震の際の交通渋滞の情報をコンビニエンスストアから得ることによって、緊急車両や支援車両の誘導に大きく貢献したそうです。この活動への東北地区のコンビニエンスストアの協力状況は、2005年9月現在のデータを見ると、6県合計で525件の店が協力している状況で、かなりの数の情報拠点が点在していることになります。

この活動のねらい通りに市民からの情報が道路管理者に伝達され、迅速な対応が可能になることは災害時に効果を発揮するだけでなく、構造物へも適用範囲を拡大することでさらなる効果が期待されると考えられます。例えば、橋梁からのコンクリート片の剥落に対する予兆情報や構造物からの異音などに歩行者や車の運転者が気づくことで、構造物が原因の事故や第三者への被害を最小限に抑えることが可能になるかもしれません。ちなみに、JR東日本において、1999年7月から約1年半の間に報告されたコンクリート構造物からの落下物は約100件にのぼります[※11]。ぜひとも、構造物に対しても市民の皆さんの眼を光らせてほしいものです。

ロード・セーフティステーションのステッカー
このステッカーを貼った店舗が情報を取り次いで道路管理者へ異常情報を伝える

はその体制は確立されておらず、少しずつ整備のための検討が進んでいるという状態です。

3 システムの確立

　メンテナンス・マネジメントがうまく機能するためには、その内容を充実させることが不可欠です。例えば、点検・診断技術や劣化予測技術、性能評価技術などを改善、発展させることも必要です。

　さらに、その運用体制を確立させることも重要で、構造物のメンテナンスに対する予算の確保やメンテナンスを行う体制や協力体制の整備なども不可欠です。例えば、予算の確保に対しては、劣化などがひどくなってから対処するのではなく、予防的に先行投資することが効果的です。そのためには、外観上劣化がひどくない状態でも投資を行うことが可能になるように住民に理解を得ることが必要です。また、メンテナンスを行う体制については、もちろん技術的な判断や対応は専門技術者が行いますが、さらに利用者として構造物に接している地域住民と、技術者が協働して構造物のメンテナンスを行うことの必要性も指摘されています。例えば、構造物の異常を発見したら、できるだけ早く管理者が把握できるように住民からの通報窓口を設置したり、日頃から構造物の清掃活動などを通して構造物への関心を高めてもらうことなどが検討されています。

　このように、多くの構造物が将来にわたって、私たちに利便性や安全、安心を与え続けるためにも、メンテナンス・マネジメントの体制が確立され、実際に効率的な構造物の維持管理に貢献することが求められています。

参考文献

1) ㈳土木学会『土木用語大辞典』
2) 日本経済新聞社『不動産用語辞典』
3) ㈳日本コンクリート工学協会『「コンクリート構造物のアセットマネジメントに関するシンポジウム委員会報告」論文報告集』p.3、2006
4) 文献調査委員会「塩害劣化を受けるコンクリート構造物の確率論的な劣化予測に関する研究動向」『コンクリート工学』Vol.47、No.3、pp.66-71、2009
5) ㈳日本コンクリート工学協会『「コンクリート構造物のアセットマネジメントに関するシンポジウム委員会報告」論文報告集』JCI-C71、2006
6) 青森県道路課、青森県の橋梁アセットマネジメントホームページ
7) 東京都建設局、東京都道路アセットマネジメントホームページ
8) 阪神高速道路株式会社ホームページ
9) 宮本文穂「土木構造物のライフサイクルマネジメント－インフラドクターの創成」『コンクリート工学』Vol.42、No.5、pp.148-152、2004
10) ㈳土木学会関西支部『コンクリート構造物の設計、施工、維持管理の基本』pp.349-350、2009
11) 石橋忠良、古谷時春、浜崎直行、鈴木博人「高架橋からのコンクリート片剥落に関する調査研究」『土木学会論文集』No.711/V-56、pp.125-134、2002.8

索　引

❖欧文
BMS	106
EPMA	63
FRP接着工法	98
FRP巻立て工法	97
LCC	11
S-N曲線	77

❖あ
アセットマネジメント	106
アノード	43
アルカリシリカゲル	27
アルカリシリカ反応（ASR）	26、55
安全性	15、16、80
安定さび	64

❖い
維持管理	9、10、105
インフラ	10

❖う
ウォータージェット工法	92
浮き	55
打換え工法	96
打ち切り限界	78

❖え
エトリンガイト	29
エロージョン・コロージョン	44
塩害	26、55
塩化物イオン含有量試験	58
塩化物イオン濃度	71
遠望目視	46

❖お
応力拡大係数	79
応力範囲	78
押抜きせん断耐力	96
温度ひび割れ	35

❖か
外部電源方式	94
化学的侵食	26
化学的腐食	57
確定論的手法	108
確率論的手法	108
カソード	43
加速度計	70
かぶり	31、75
かぶりコンクリート	60
下面増厚工法	97

❖き
機能	15、18
キャリブレーション	59
供用期間	18
橋梁定期点検要領	45、52
き裂	39、63
き裂進展速度	79
緊急点検	45
近接目視	46

❖く
クラックスケール	58
グレーディング	80

❖け
景観	15、17、80
けい酸塩系表面含浸材	93
現地踏査	47

❖こ
コア試料による膨張率の測定方法	61、62
鋼構造物	35
鋼材位置（周辺）のコンクリート	71
公称応力	78
鋼板接着工法	99
鋼板巻立て工法	98
コールドジョイント	33
固有振動数	70
固有振動モード	70
コンクリートの抜け落ち	57
コンクリート巻立て工法	97

❖さ
再アルカリ化工法	93、95
さび汁	56
残留応力	86

❖し
事後維持管理	89
自然電位法	58
シナリオデザイン	19
収縮ひび割れ	34
充填工法	91
使用性	15、17、80
上面増厚工法	96
初期含有塩化物イオン濃度	72
初期欠陥	26
初期点検	45
シラン系表面含浸材	93
じん性	95
信頼性解析法	107

❖す
スケーリング	28、57
ストップホール	87、101
すりへり	26、90

❖せ
性能	15、18
性能規定	18
性能照査	18
性能照査指標	80
性能設計	18
性能低下曲線	89
赤外線サーモグラフィ法	58、60
設計耐用期間	18
繊維補強コンクリート	97
線形累積被害則	78
せん断耐力	95

❖そ
外ケーブル工法	99
損傷	26、51

❖た
耐荷性	16
耐久性	9、15、17、80
耐候性鋼材	37、64
第三者影響度	15、17、80
第三者被害	60
退色	37
耐震補強	95
耐疲労性	16
脱塩工法	93、95
断面欠損	100
断面修復工法	92、93

❖ち
遅延生成	29
中性化深さ	75
中性化	26
中性化速度係数	75
中性化残り	75
注入工法	91

長寿命化修繕計画	76	
チョーキング	38	

❖て
定期点検	45
データベース	24
鉄筋の露出	56
電気化学的防食工法	93
電気防食工法	93、94
点検	19
点検員	21
点検項目	24
点検調書	46
点検ハンマー	49、66
電子線マイクロアナライザ	63
電着工法	93

❖と
凍害	26
凍結防止剤	31
道路パトロールカー	46、48
塗装	36

❖に
日常点検	45

❖は
はがれ	39
白亜化	38
剥離	55
破断	40

❖ひ
美観	15、17、80
非破壊検査手法	66
ひび割れ被覆工法	91
ひび割れ補修工法	91
評価基準	24
表面含浸工法	92、93
表面処理工法	92
表面被覆工法	92
表面保護工法	92
疲労	26、32
疲労によるひび割れ	56

❖ふ
フィックの第2法則に基づいた拡散方程式	71
フェノールフタレイン法	60
膨れ	38
腐食	30、42、63

腐食電池	94
腐食発生限界塩化物イオン濃度	71
不動態皮膜	31、73、94
フレッティング・コロージョン	44
分極抵抗法	58

❖へ
変形性能	95
変状	26、51
変色	37

❖ほ
防食	37
補強	20
補修	20
ポップアウト	28、57

❖ま
マイナーの累積被害則	78
巻立て工法	97
曲げ耐力	95
マネジメント	105
マルコフ連鎖モデル	107、109

❖み
見かけの拡散係数	72

❖め
メッキ	36、37
メンテナンス	9、19
メンテナンス計画	20
メンテナンス・マネジメント	106

❖も
モンテカルロ法	107、108

❖ゆ
有限要素法	85
遊離石灰	56、90

❖よ
要求性能	18、80
溶射	37
予定供用期間	9
予定供用期間終了時	80
予防維持管理	89

❖ら
ライフサイクル	9
ライフサイクルコスト	11、106

❖り
流電陽極方式	94
臨時点検	45

❖る
累積疲労損傷度	78

❖れ
劣化	18、26、51
劣化機構	19、20
劣化予測	19、21
連続繊維シート	97

❖ろ
漏水	56
ロジックモデル	112

❖わ
割れ	38

『図説　わかるメンテナンス』編集委員会

監修

宮川豊章（みやがわ とよあき）
京都大学学際融合教育研究推進センター インフラシステムマネジメント研究拠点ユニット特任教授

編集協力

河野広隆（かわの ひろたか）
京都大学経営管理大学院客員教授

井上晋（いのうえ すすむ）
大阪工業大学工学部都市デザイン工学科教授

坂野昌弘（さかの まさひろ）
関西大学環境都市工学部都市システム工学科教授

熊野知司（くまの ともじ）
摂南大学理工学部都市環境工学科教授

杉浦邦征（すぎうら くにとも）
京都大学大学院工学研究科社会基盤工学専攻教授

尼﨑省二（あまさき しょうじ）
立命館大学理工学部特任教授

鎌田敏郎（かまだ としろう）
大阪大学大学院工学研究科地球総合工学専攻教授

服部篤史（はっとり あつし）
京都大学大学院工学研究科社会基盤工学専攻特定教授

編者

森川英典（もりかわ ひでのり）
神戸大学大学院工学研究科市民工学専攻教授

執筆（執筆担当）

鶴田浩章（つるた ひろあき、1・3・7章）
関西大学環境都市工学部都市システム工学科教授

大島義信（おおしま よしのぶ、2章）
株式会社ナカノフドー建設顧問

野阪克義（のざか かつよし、2・6章）
立命館大学理工学部環境都市工学科教授

山本貴士（やまもと たかし、2・6章）
京都大学経営管理大学院教授

大西弘志（おおにし ひろし、3章）
岩手大学理工学部システム創成工学科社会基盤・環境コース教授

三方康弘（みかた やすひろ、4・5章）
大阪工業大学工学部都市デザイン工学科教授

山口隆司（やまぐち たかし、4・5章）
大阪市立大学大学院工学研究科都市系専攻教授

東山浩士（ひがしやま ひろし、6章）
近畿大学理工学部社会環境工学科教授

＊肩書きは2021年1月現在のものです

図説 わかるメンテナンス
土木・環境・社会基盤施設の維持管理

2010年11月30日　第1版第1刷発行
2024年 3月20日　第1版第5刷発行

監　修	宮川豊章
編　者	森川英典
発行者	井口夏実
発行所	株式会社学芸出版社
	京都市下京区木津屋橋通西洞院東入
	〒600-8216　電話 075-343-0811
	http://www.gakugei-pub.jp/
	E-mail info@gakugei-pub.jp
印　刷	創栄図書印刷／製　本　新生製本
挿　画	野村　彰
装　丁	KOTO DESIGN Inc.

Ⓒ Toyoaki MIYAGAWA, Hidenori MORIKAWA, 2010
ISBN978-4-7615-2497-5　　Printed in Japan

JCOPY　〈(社)出版者著作権管理機構委託出版物〉

本書の無断複写（電子化を含む）は著作権法上での例外を除き禁じられています。複写される場合は、そのつど事前に、(社)出版者著作権管理機構（電話 03-5244-5088、FAX 03-5244-5089、e-mail: info@jcopy.or.jp）の許諾を得てください。
また本書を代行業者等の第三者に依頼してスキャンやデジタル化することは、たとえ個人や家庭内での利用であっても著作権法違反です。

好評発売中

図説　わかる材料　土木・環境・社会基盤施設をつくる

宮川豊章 監修／岡本享久 編
B5変判・128頁・定価 本体2800円＋税

まず土木材料がいかに身近な存在であるかを知ってもらうため、身の回りの事例を取り上げ、構造材料（コンクリート・鋼）から高分子、アスファルトまで200点に及ぶ図版・イラストを用いて分かり易く説いた。ベテラン執筆陣が精査し尽くしたうえ、基本事項・最新事項をコンパクトにまとめた、大学生のための渾身の入門テキスト。

図説　わかる水理学

井上和也 編
B5変判・144頁・定価 本体2600円＋税

水の性質、流れの状態、構造物に与える力など水の運動を力学的に扱う土木工学系学科の必須科目。さまざまな水の現象と、水理学が実際に役立つダムや堰、川など身近な事例を多数の写真・図版・イラストで視覚的に理解できるよう工夫。また数式はなるべく丁寧に導いた。例題を通して基本を確実に学べる、初学者のための入門書。

図説　わかる環境工学

渡辺信久・岸本直之・石垣智基 編著
B5変判・192頁・定価 本体2800円＋税

「水処理」「排ガス処理」「廃棄物処理」等、従来どおりの項目に加え、「環境化学物質」「リスク」「エネルギーと資源」といった今日的な論点を新たに解説・整理した。巻末には各内容を定量的に取扱う為の単位系・データベース等、近年統一された基礎事項を掲載。図版と例題を通して基礎知識と最新事項を学ぶ大学テキスト。

土木計画学　公共選択の社会科学

藤井聡 著
A5判・256頁・定価 本体3000円＋税

数理・経済学的側面から論じる従来型の技術論に加え、都市環境や社会の現実的諸問題に沿って、土木工学の基礎理論を説き直した。市民参加と合意形成、PI、景観・風土論、災害リスク、モビリティ・マネジメントなど、政治・社会・心理学的側面まで包含する。現代の公共事業をより良く計画・評価する態度を目指した公共政策論。

土木と景観　風景のためのデザインとマネジメント

田中尚人・柴田久 編著
A5判・200頁・定価 本体2200円＋税

土木の役割は変わりつつある。つくる時代から維持・管理の時代へ移るその過程には、市民の意欲と参加が欠かせない。構造物の建設だけでなく、地域の生活に密着したつくり方・使い方のマネジメントが求められる。今日の土木技術者が持つべき目標と役割を、交通・政策・防災・参加・歴史の視点から気鋭の研究者が論じた意欲作。

環境と都市のデザイン　表層を超える試み・参加と景観の交点から

齋藤潮・土肥真人 編著
A5判・192頁・定価 本体2200円＋税

土木系景観デザインの分野でも市民参加が益々重要とされ、ワークショップもさかんだが、そのデザインの質に問題を指摘する専門家は少なくない。〈市民性〉〈環境＝風景〉の概念を軸に、景観論と参加、双方の研究者・実務者が多様な視点で都市デザインの質を捉え直し、景観法を見据えたまちづくりの新しい評価軸を打ち出す。